고추 · 토마토 · 가지 · 딸기

과채의 재배방법과 품종별 경영

전 농촌진흥청 원예시험장장

홍순범 감수

지식의 샘
법문북스

머 리 말

이 책에 수록한 고추, 토마토, 가지, 딸기는 과채류(果菜類) 중에서도 가지과(茄子科) 내지는 잡과(雜果)에 속한다.

경제의 고도 성장은 식생활의 질적 향상과 다양성을 가져왔으며, 생식(生食) 또는 유색(有色) 야채의 소비 증대를 나타내게 되었다. 따라서 과채류를 포함한 야채의 생산량은 해를 거듭할수록 상승세를 보이고 있는 추세이다.

과채류는 일반적으로 다른 채소에 비하여 수익성(收益性)은 높은 편이나 노동력이 더 투입되는 편이므로 인건비(人件費) 절약을 도모하는 계획 재배를 철저히 하지 않으면 안된다. 이런 계획을 사전에 세우지 않으면 앞으로 이득을 보고 뒤로 손해를 보는 결과가 오지 않는다고 말할 수 없는 것이다. 계획 재배가 잘 이루어진다면 과채 재배는 농가의 경제 생활에 안정을 가져다 주는 매력적인 영농이 될 것이다.

이 책은 과채의 품종별 경영상의 특성이나 재배법을 위시하여 재배형 등을 우리 농가(農家)의 실정에 맞도록 과학적이고 알기 쉽게 쓰려고 노력하였으므로 실제 재배의 지침서(指針書)가 되리라 믿는다. 아무쪼록 독자 여러분의 많은 성원을 바라 마지 않는다.

지은이 씀

제 3 장　가　　지

제4장　딸　기

제**1**장

고 추

---

1. 재배 경영상의 특성

고추는 가지과에 속하는 식물로서 우리 나라에서는 고초(苦草), 당초(唐椒) 등 여러 가지 별명으로 불리운다. 고추의 원산지는 남미이며, 컬럼버스가 신대륙을 발견한 후 유럽에 전파되었으며, 17세기에 동양에 들어왔다.

(1) 성상(性狀)

고추는 1년생 작물이지만 열대 지방에서는 다년생 작물이다. 종자의 형태는 가지와 흡사하여 편편하며 황색이다. 종자의 발아 연한은 3년으로 보고 있다. 종자가 발아하면 한 쌍의 떡잎이 생기고, 본잎이 8~9장 생기면 백색이나 자색의 합판화(合瓣花)가 핀다. 과실의 미숙과는 거의 다 녹색이지만 성숙하면 진분홍색, 황색, 황갈색 등으로 변한다.

고추의 매운 성분은 카프사이신 때문이다. 여기에는 휘발성 성분이 들어 있어서 매우며, 이것 때문에 우리 나라에서는 귀중한 양념감으로 쓰인다. 그러나 매운 맛은 몸에 해롭다. 고추에는 비타민 A, B_1, C가 많이 들어 있다. 초기에는 풋고추로 거두고, 붉은 색으로 되면 말린 고추로 처리되며, 수요는 비교적 안정된 편이다. 수송이 용이하고 중간 지대나 전작 지대의 자급용겸 환금 작물로 재배된다.

(2) 경영 합리화

우리 나라에서 재배되고 있는 여러 가지의 채소 종류 중에서도 재배 면적상으로 볼 때 고추는 1위에 속하는 채소이다. 그 재배 면적과 생산량은 증가하는 추세이나, 그럼에도 불구하고 수요량이 늘어나고 있기 때문에 외국에서 건고추 등을 수입하고 있는 실정이다.

고추는 주요 농수산물 중 단위당 생산량과 수익성이 가장 좋은 작물 중의 하나이다. 근래에 우리 나라에서는 채소의 단경기 공급을 위하여 반촉성 재배, 촉성 재배가 성행되고 있다. 특히 난지에서는 유리한 입지 조건을 이용하여 풋고추 촉성 재배까지 시행하고 있다. 이들 채소의 단당 순수익을 보아도 역시 고추가 촉성 재배 채소 중에서 최우위를 차지하고 있다.

이런 면으로 미루어 볼 때 고추의 재배는 재배 방법과 경영의 합리화에 만전을 기한다면 어느 작물보다도 더 좋은 수익을 보장한다고 할 수 있겠다.

2. 재배 환경(栽培環境)

(1) 기상 조건(氣象條件)

고추 종자의 발아 온도는 섭씨 30~35 도가 적당하며, 최저 온도가 15도는 되어야 한다. 생육 적온은 25도 정도로 고온에 잘 견디는 채소이다. 개화를 할 때 15도 이하이거나 36도 이상이면 착과를 할 수 없다고 보아야 한다. 일장(日長)은 장일 조건일수록 꽃의 수가 많아지며, 과실도 빨리 비대한다.

(2) 토양 조건(土壤條件)

고추는 토양 반응에 있어서 중성이나 약산성, 즉 pH 5.4~6.7이 적당하다. 고추의 토양 적응 범위는 넓은 편이기는 하지만, 건과용 고추를 재배할 때에는 사질토(砂質土)가 적당하고 서양고추 계통은 보수력(保水力)이 있는 토양이나 진흙양토가 좋다. 고추는 비교적 습기에는 약하고 건조에는 강한 편이다. 그리고 이어짓기를 꺼리므로 3~5년간의 돌려짓기를 하는 것이 좋다.

3. 품종(品種)

고추를 이용면에서 분류하면 건과용 고추, 풋고추 및 서양

〈표 1-1 우리 나라 고추의 품종명〉

품 종 명	수 집 연 도	수 집 장 소
621	1953	고 성
2520	1953	경 산
342	1953	고 성
44	1953	서 울
2640(A)	1955	동 래
2640(B)	1955	동 래
서 울	1960	서 울
천 안	1960	천 안
신평 1호	1960	신 평
신평 2호	1960	신 평
핫·폴튜갈	1959	미 국

고추로 크게 나눌 수 있다.

(1) 건과용(乾果用) 고추

① 재래종(在來種)

가. 621(未命名) 우리 나라 원예시험장이 경남 고성(固城) 지방에서 재래종을 수집하여 계통 분리한 것이다.

왜성(矮性)의 조생 다과성(多果性) 품종으로서 과실은 작은 단각형(短角型)이며, 대단히 맵다. 초형(草型)이 왜성, 직립성이므로 포기사이(株間)를 다소 좁게 하여 밀식 재배하면 수확량을 올릴 수 있다.

나. 342(未命名) 역시 고성 지방에서 수집한 것을 계통 분리한 것이다. 중생종으로 과형은 단각형이며, 품질은 양호한 편은 아니나 과다수계(果多數系)에 속하여 이 점은 어느 품종도 따를 수 없으며, 따라서 수확량이 많다. 이것 역시 매운 맛이 강하여 우리의 기호에 맞으며, 내병성이 강하다.

② 팔방군(八房群) 극왜성(極矮性)이며 개장성(開張性)의 조생종으로 과실의 크기는 중간이고 맵다. 한 곳에 과실이 8개가 달리며, 소뿔과 같은 형상으로 하늘을 향하고 있다. 숙기가 일정하므로 수확하기에 편하다. 건과(乾果)로 10a당 400kg 정도 얻을 수 있다.

③ 응조군(鷹爪群) 초장은 짧고 개장성의 만생종이며, 잎은 무성하고 목립성(木立性)이다. 과실은 아주

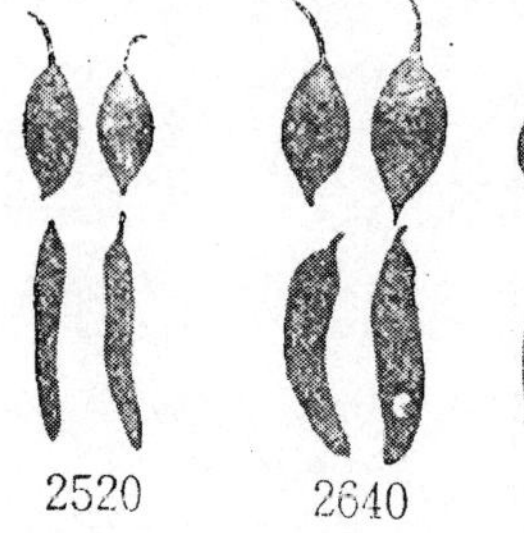

〈그림 1-1 재래종 고추 모양〉 작고(2~5cm) 끝이 독수리의 발톱과 같이 되어 있다. 매운맛이 고추 중 가장 강하며, 과육이 얇고 건조율이 높으며, 분말용(粉末用)으로 적당하다. 숙기가 일정

하지 않기 때문에 착색률이 낮다. 과실은 포기당(株當) 350∼
400개 달린다.

(2) 풋고추

① 재래종(在來種)

가. **2640B**(未命名)　우리 나라의 원예시험장이 경남 동래
(東萊)의 서동(書洞) 지방에서 재래종을 수집, 계통 분리한 것
으로 원원종(原原種)이 생산 배부되고 있다. 비루스병에 강하
고 초세가 왕성하다. 조생다수성이므로 주로 풋고추용으로 이
용된다. 과실은 태각형(太角型)이고, 미숙과는 농록색, 숙과는
농적색이다. 초형(草型)은 다소 포복성(匍匐性)이다. 분지수
(分枝數)가 많고 다소 포복성이어서 주지(主枝)가 옆으로 많
이 뻗게 되므로 포기사이(株間)를 다소 넓게 하여 재배하는
것이 좋다.

나. **2520**(未命名)　중생종우로 과형은 세장각형(細長角型)
이며, 과실수가 많아서 수량도 많다. 매운맛은 강하다. 병충
해 특히 비루스병에 약한 것이 결점이다.

② 핫·포튜갈　우리 나라 원예시험장이 미국에서 도입하여
계통 분리한 것이다. 과실은 대형의 태장각형(太長角型)이며,
매운맛이 약간 적은 조생 다수성으로서 풋고추용 재배에 적합
한 품종이다.

③ 복견군(伏見群)　미숙과를 장기간 수확하는 데 적당하다.
초장은 중위이고 개장성의 중만생종이다. 과실의 길이 10∼15
cm, 굵기 2cm의 원추형이다. 매운맛이 중 정도로 팔방군과
동일하다.

본종의 대표 품종에는 다음과 같은 것이 있다.

가. **찰황조생**(札幌早生)　극조생종으로서　초장 70cm,　**결가**

지가 많이 생기며 개장형(開張型)이다. 과실은 하늘을 향하여 생기며, 길이 7~8cm, 굵기 1.0cm로 조기 출하용 잎고추로서 유망하다.

　나. 일광(日光) 중만생종으로서 **초장 70~80cm**이고, 다소 개장형이다. 과실은 길이 15cm, 굵기 0.9cm의 대단히 긴 과실이 생긴다. 풋고추 때에는 매운맛이 적고 잎고추로서 유망하다.

　다. **복견신**(伏見辛) 중만생종으로서 초장은 70~80cm로서 다소 개장형이다. 과실의 폭 1.3cm, 길이 11~12cm이며, 매운맛은 적다. 과실의 기부는 약간 굵고 끝은 가늘다. 잎고추로 사용하고 있다.

　라. **복견감**(伏見甘) 복견신(伏見辛), 사자(獅子)의 교잡형인데 복견신보다 과실이 굵고 매운맛은 거의 없다.

　④ **불암**(佛岩) 하우스 풋고추　일대교배종 풋고추로서 일반 극조생 풋고추 보다 20~25일이나 일찍 개화하여 착과를 시작한다. 마디 사이가 짧고 생육 초기에 착과수가 많다. 여름 장마철 고온 다습일 때에도 잘 착과하고, 늦가을 한냉 저온일 때에도 잘 착과한다. 섭씨 8~10도의 저온에서도 생장한다. 중기 이후에 매워지며, 숙기가 빠르다.

　⑤ **하우스 킹 풋고추**　내한성, 내서성 및 내병성이 강하고 직립성이며 마디 사이가 짧고 저온에 착과가 잘 된다. 개화가 빠르며 낙과가 적고, 생육 및 숙기가 빠르다. 과실의 길이는 12cm이고, 풋고추 때는 맵지 않으나 중기 이후에 매워지며, 건조가 용이하므로 말기에 붉은 고추로도 수확할 수는 있다.

　⑥ **조생진흥고추**　원예시험장에서 육성한 극조생 적색 물고추 또는 숙과용 품종이다. 초형은 반개장형이고 신미도는 중정도 된다. 하우스 재배와 조숙 재배용 품종이다.

　⑦ **대풍고추**　원예시험장에서 육성한 고정 품종이다. 단기 밀

식 재배 건과용 품종이다. 숙과중이 일반종보다 무겁고 견과율이 높으며 신미는 중 정도이다.

⑧ 신홍고추 원예시험장에서 육성한 고신미 다수 건과용 품종이다. 약간 만생이나 비루스(TMV)에 강하며, 색소 함량과 매운맛이 높으며 다수성 품종이다.

(3) 피이만 고추(서양고추)

피이만 고추는 재배 역사가 얕기 때문에 대과군(大果群)의 품종 분류는 그다지 진행되지 못하고 있다. 청과용(靑果用)으로서는 사자계(獅子系), 도입종(導入種)의 라아지 벨 및 이 두 품종의 교잡종의 세 가지 형(型)으로 세분할 수 있다.

① 사자계(獅子系) 이 고추는 일본 토착종(土着種)인데 과실은 비교적 큰 것과 작은 것이 있다. 과육(果肉)은 엷고 때에 따라서는 매운맛이 생기는 것도 있다.

가. 삼중록(三重錄) 사자계 중에서 가장 많이 재배되는 품종이다. 이 품종은 일본 재래종 중에서 선발한 것이다. 1과 중량 10g 정도의 다소 길이가 긴 소과이며 주름이 깊게 생긴다. 온도가 부족하면 과실에 흑자색 반점이 생긴다.

나. 석정록(石井綠) 과형은 삼중록과 흡사하지만 매운맛이 전혀 없다. 과실색은 진하고 윤기가 나며, 안토시안 색소가 나타나지 않는다.

다. 창개(昌介) 삼중록 품종에서 대형종(大型種)이 자연 교잡(自然交雜)된 것 중에서 선발된 것이다. 조생종에 대한 특성은 삼중록보다 못하지만 초세가 강하고 과실이 크고 수확량이 많다. 과실색은 비교적 연하다. 매운맛이 생기는 계통도 있다.

라. 고창(高倉) 외국종의 분계(分系)에 의하여 육성한 것인데, 대사자(大獅子) 고추형에 속하는 것으로서 조생종이며 착과수가 많다.

② 라아지 벨계 일반적으로 가지가 적게 생기며 굵고 잎은 크다. 제 1 화가 생기는 가지의 분기점(分岐點)이 높아서 만생종이다. 과실의 꼭지가 얕은 대과(大果)이고 과육은 두껍고 품질이 양호하다. 과실의 착과 방향(着果方向)은 땅을 향하는 것과 하늘을 향하는 것의 두 종류가 있는데, 하늘을 향하여 생기는 품종은 일반적으로 과피(果皮)가 강하고 또 흑자색 반점(黑紫色斑點)이 생기기가 쉽다.

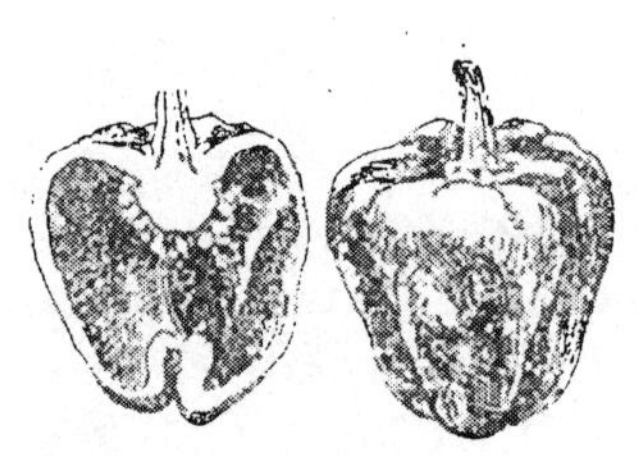

〈그림 1-2 캘리포니아원더〉 이후에 도입된 차이니이즈 자이언트, 캘리포니아 원더, 루비 킹 등도 이 계에 속한다. 현재 육종(育種)에 의하여 오십령(五十鈴), 녹광(綠光), 기옥(埼玉), 석정극조생(石井極早生) 등이 육성되었다.

③ 일대 잡종(一代雜種 ; F₁ 품종) 극히 수세가 강하고 다수성이며 성능이 높으나 교배 종자를 얻는 데 난점이 있다.

F₁의 교배친으로는 저온에서도 신장력(伸長力)이 강하고 착과수가 많은 조생인 사자계(獅子系)와 과육이 두껍고 대과인 라아지 벨계 품종의 조합(組合)이 거의 전부를 차지하고 있으며, 육종 목표는 조생의 다수성인 대과 내지 중과를 얻는 데 있다. 따라서 과육이 엷은 것이 많다. 과육이 두꺼운 것은 품질은 좋으나 개화후 수확까지의 일수가 길어서 조기 출하에 불리하다. 과육이 엷은 품종은 과숙(過熟)시키면 품질이 좋지 못하므로 미숙과를 수확하여야 하며 원거리 수송에 약하다.

가. 녹왕(綠王) F₁ 품종 중 제일 처음 발표되있다. 처음

이 품종은 조생의 풍산성이 가장 높았기 때문에 하우스나 터널 재배의 조기 출하용 표준 품종으로 되어 있었다. 그후 F_1 품종이 많이 발표하게 되어 재배 품종도 서서히 변천하였다.

나. 금(錦) 이 품종은 에이스와 뉴 에이스 등과 같은 극조생종보다는 수확 시작 시기가 늦고, 과실의 비대도 조기 수량과 총수량이 모두 많다. 밀식 재배(密植栽培)할 수 있는 소형이다.

다. 기타 품종 과육이 엷고(薄肉) 장과(長果)의 F_1 품종으로서 도(都), 뉴우 그린, 그린 100호 등이 발표되었다. 이들은 모두 다수성이며, 매운맛이 강한 것이 특징이다.

④ 피멘토 초장은 중위, 잎은 크고 분지성(分枝性)이 약한 직립성이다. 만생종이고 과실은 크고 원추형을 하고 있다. 과육은 두껍고 통조림용으로 쓰인다. 결과수가 적고 풋마름병에 걸리기가 쉽다. 청과용으로서 실용성이 낮다.

4. 재배형(栽培型)과 재배법(栽培法)

과실을 말려서 고추가루 또는 실고추용으로 하기 위한 건과용 재배는 출하기가 크게 문제되지 아니하므로 주로 재배의 최적기에 가꾼다. 그러므로 재배형(栽培型)이 거의 분화되지 않지만 채소용(풋고추와 피만고추)의 재배는 그 수요의 증가에 따라 촉성, 반촉성, 조숙 재배 등 그 분화가 명확하다. 그러나 고추는 고온성 작물이기 때문에 촉성 재배는 특수 난지에 국한되어 있다.

(1) 건과용(乾果用) 고추 재배

이 재배형은 수확과의 전량을 건과용으로 하는 것이 아니라, 7월 중순까지 즉 최소한 제1번과 정도는 풋고추로 조

기 수확하여 시장에 출하하거나 자가 소비하다가 7월말 이후
부터 숙과를 수확하여 건조한다.

① 조숙 재배(早熟栽培)

가. 육 묘 육묘 방법에는 온상 육묘(溫床育苗)와 냉상 육
묘(冷床育苗)가 있다. 온상 육묘 기간은 대체로 70~80일 정
도가 보통인데, 이 시기에는 제 6 번화까지는 화아(꽃눈)가 이
미 생기고 있다. 한편 냉상 육묘를 한 모에서는 제 6 번화까지
화아 분화가 이루어진 시기는 파종후 45일인데, 정식 묘령
(定植苗齡)은 냉상에서는 45~50일 정도의 육묘가 좋다.

(가) 파 종 파종기에 있어 우리 나라 남부 지방은 2 월
중순, 중부 지방은 2 월 하순부터 3 월 초까지 하는 것이 보
통이다. 원예시험장에 의하면 중부 지방에서는 2 월 하순부터
3 월 초순까지 온상에 파종, 육묘하여 만상(晚霜)의 피해가
없는 5 월 초순까지는 노지에 정식하는 것이 조기 수량이 가장
많고, 4 월 10일 이후에 파종한 것은 생육 기간이 짧아져 그
수량이 심히 감소한다.

또 우리 나라 중부 지방의 온상 파종 적기인 2 월 하순에
조기 파종한 것은 4 월 초~중순에 냉상 파종 육묘한 것에 비
하여 약 1개월 정도 개화가 빨리 시작되었으며, 조기 수량과
관련성(關聯性)을 보이고 있다.

먼저 온상에는 양열물의 두께가 20cm 이상이 되도록 밟아
넣으며, 냉상에는 파종 10일 전에 평상(平床)을 만들어 3.3m²
당 퇴비 7.5~11.25kg를 시비한 다음에 땅을 갈아두었다가
파종 당일에 재(木灰)를 225g 넨다.

전염성 병균(傳染性病菌)을 예방하기 위하여 부산 30, 벤레
이트 T 또는 포르말린 100배액에 30분간 담가서 소독하고 물
로 잘 씻은 뒤에 파종상에 파종한다. 종자 발아 온도는 발

아율이 높고 평균 발아 일수가 적게 요하는 섭씨 25～30도가 가장 좋다.

온상에는 10a당 6.6m²에 2dl의 종자를 파종하고, 냉상에는 10a당 9.9～13.2m²에 2～2.5dl의 종자를 6cm 간격으로 골뿌림(條播)한다.

냉상 육묘는 이식(移植)을 전혀 하지 아니하므로 종자를 드물게 뿌리되, 후에 솎음만으로 충분한 포기사이를 취할 수 있게 한다. 파종후 흙을 6mm 정도 덮고 관수한다. 상면(床面)에는 볏짚을 펴놓고 비닐터널을 만든다. 6월 상순 정식기까지 큰 모를 만든다.

　(나) 이식(移植)　온상에 파종하여 30일 정도가 지나면 본잎이 2～3개 정도 나오는 데, 이때 9×9cm의 거리로 제 1 회 이식을 한다. 이식상은 양열물 없이 상토(床土) 밑에 볏짚으로 단열(斷熱)만 한다. 정식기(定植期)는 5월 상～중순인데, 밭 사정으로 6월까지 묘상에 두어야 할 경우에는 9×12cm의 거리로 이식을 하여야 한다.

고추는 일반적으로 1회만 이식하고 정식하는 경우가 많은 데, 이 때에는 처음부터 포기사이를 12×15cm로 하여서 모의 발육을 도와주어 건전모를 육성시키는 동시에 화아 분화를 촉진시키도록 하여야 한다.

제 2 회 이식을 할 경우에는 제 1 회 이식후 25～30일이 경과하여 본잎이 5～6개일 때 실시한다. 이 때의 포기사이는 12×15cm이다.

고추의 유묘기는 상온(床溫)에 의한 모의 생육에 미치는 영향이 둔하나 대묘기(大苗期)에 이르러서는 상온의 영향이 현저하게 크다. 즉 화아 분화의 절위(節位)에는 별로 큰 영향을 미치지는 않으나 고온에서 화아수가 현저하게 증가된다. 그리고 고온이면 낙뢰율(落蕾率)이 높으며 저온에서는 낮다. 낙화 (落花)는 묘상 온도가 높으면 제 1 화, 제 2 화가 많이 낙화되고 저온인 경우에는 거의 없거나 전혀 없다. 고온 육묘는 저온 육묘보다 조기 수량이 적다.

따라서 고추의 육묘의 묘상 온도는 생육, 화아 분화, 조기 수량 등을 고려할 때 대묘기(大苗期) 특히 제 2 회 이식에서는 25 도 내외로 하는 것이 가장 적합하다고 본다.

나. 정식(定植) 온상 육묘한 것은 5 월 초 만상이 끝나면 정식하고, 냉상 육묘한 것은 6 월 초에 정식한다. 온상 육묘한 초세가 왕성한 품종을 비옥한 토양에서 가을의 과실 착과 한계기(着果限界期)까지 재배할 때는 이랑사이 90cm, 포기사이 45~50cm 정도로 하며, 초세가 약한 품종은 75×45cm로 한다. 척박 건조한 토양에서는 이랑사이 60cm에 포기사이를 25cm 로 하는 것이 가장 소출

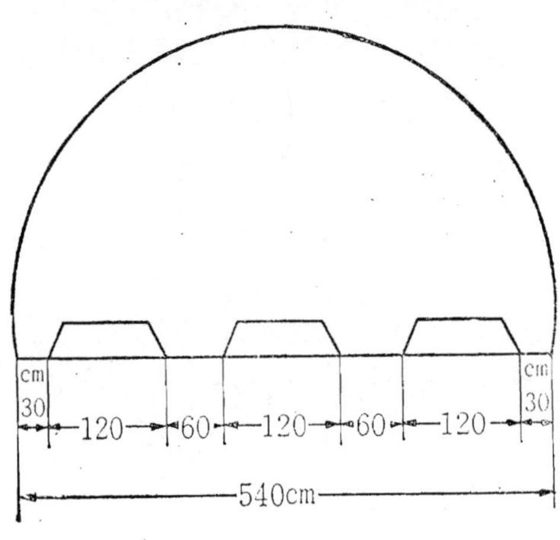

간격 5.4m에 3 베드

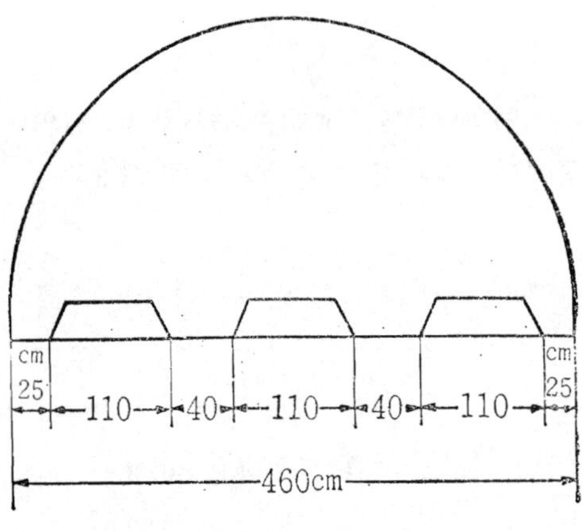

간격 4.6m에 3 베드

〈그림 1-3 하우스 재배〉

이 많다. 온상 정식은 〈그림 1-3〉과 같다.

　다. 시　비　시비량은 품종, 토양 비옥도, 10a당 심는 포기 수, 재배 기간에 따라서 다르나 일반적으로 10a당 질소 24kg, 인산 20kg, 칼리 23kg 정도면 된다.

　추비는 대체로 제 1 회는 정식 후 20일, 제 2 회는 그 후 20〜30일에 하고, 제 3 회는 8 월 상〜중순경에 하는 것이 보통이다.

〈표 **1-2**　건과용 조숙 재배의 시비량의 예〉　(10a당/단위　kg)

거름종류	총 량	기 비	추　　　　비			3요소량
			1　회	2　회	3　회	
퇴　　　　비	1125	1125	—	—	—	
계　　　　분	188	188	—	—	—	질소 : 24
화 성 비 료	75	—	—	75	—	인산 : 20
유　　　　안	54	18	18	—	18	칼리 : 23
과　　　　석	62	47	—	—	15	
염 가 (鹽加)	30	15	—	—	15	
석　　　　회	75	75	—	—	—	

　라. 일반 관리　고추는 기온이 높고 건조가 심하면 낙화, 낙뢰, 낙과 현상을 일으키며 또한 생육이 정지되어 착뢰(着蕾) 및 개화수를 감소시킨다. 전문가들의 시험 결과를 보면 건조 구(乾燥區)에서는 수량의 감수를 가져오고 있다.

　그러므로 8〜9월의 고온 건조기에는 관수(灌水)를 충분히 하여 생육을 계속 활발하게 만들어 낙뢰, 낙화, 낙과를 줄이고 8 월 중순까지 개화수를 최대로 증가시켜야만 숙과(熟果)의 수량을 증가시킬 수 있다.

　고추는 붉은 고추로 완전 착색하는 데는 일정한 적산 온도(積算溫度)가 요구되며, 대개 1000〜1300도의 범위에서 완전 착색되는 것이 많이 생긴다. 8월 20일 이후에 개화한 것은 거의 착색하지 않고 미숙 상태로 있게 된다. 그러므로 8월 20일 전까지 개화수를 최대로 높이어서 숙과의 수량을 올리도록 하는 것이 중요하다.

　　마. 수확(收穫)　익은 고추(熟果)는 7∼8월에 있어서는 개화후 47일 정도가 되면 완전히 빨강빛이 된다. 이 때는 또 고추의 매운맛 성분인 카프사이신의 총량이 가장 많은 시기이므로 이 때에 수확하면 된다.

　응조계(鷹爪系)나 우리 나라 재래종과 같이 숙기(熟期)가 고르지 못한 것은 과실이 빨강빛이 되면 차례차례로 여러 회에 나누어 수확한다. 심홍색(深紅色)으로 착색되고 과면에 주름이 생겼을 때가 수확 적기며, 완숙과를 적기에 수확하지 못하면 색이 변하여 품질이 저하된다.

　팔방계(八房系) 품종은 한 포기의 과실 전체가 70∼80% 성숙하였을 때 포기 전체를 밭에서 뽑아가지고 나무 같은 데에 거꾸로 달아매어서 음건(陰乾)시켰다가 겨울의 농한기를 이용하여 고추를 따서 손질한다. 팔방계 품종은 화력에 건조시키거나 또는 나무에서 과실을 따 가지고 곧 건조시키면 과실이 다육질(多肉質)이기 때문에 건조가 곤란하고 건조하는 사이에 변질하기 쉽다.

　　바. 건조(乾燥)　간단한 화력 건조사 시설을 이용하여 건조시키면 부패과(腐敗果)나 백과(白果)가 생기는 것을 없앨 수 있을 뿐만 아니라 진홍색의 시장성이 높은 고추를 만들 수 있다.

　우리 나라 원예시험장의 간이 건조사를 이용한 고추 화력 건조 시험 성적을 보면 화력 건조는 2일만에 완전 건조되었으나, 폴리에틸렌 피복구(被覆區)와 천일건조구(天日乾燥區)는

22일만에 완전 건조되었고 부
패율도 화력 건조구는 전연 부
패가 없는 데 비하여 그 외 구
는 각각 6.7%, 4.3%의 부패
율을 보였다.

(가) **화력 건조**　흙벽돌로
건조사를 만들고 무연탄으로
가온(50~60도) 한다.

(나) **폴리에틸렌 피복**　생과
(生果) 위에 직접 폴리에틸렌
을 덮어서 태양열의 방열을 방
지하여 온도를 높여 준다.

(다) **천일 건조**　재래식으
로 천일하의 태양열에 의존한
건조 방법이다.

② **직파 재배(直播栽培)**　고추
는 그 원산지가 남미(南美)이

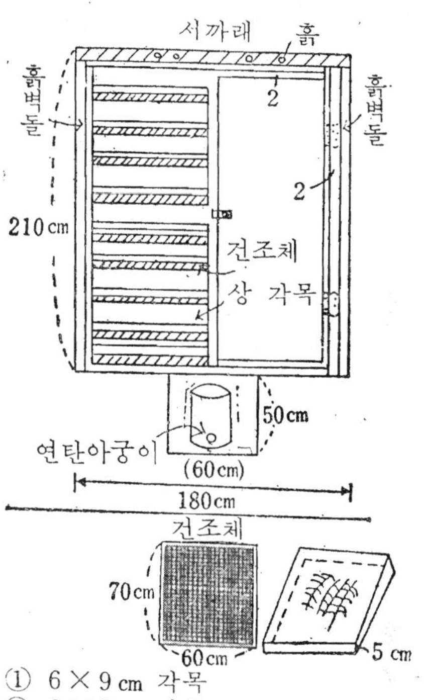

〈그림 1-4　화력 건조사〉

기 때문에 고온성 작물이며 그 생육 기간이 길다. 따라서 온대
지방에서 밭에 직파하여 재배하면 과실의 익는 것도 늦고 소출
도 적어서 좋지 못하다. 그러나 고추는 원래는 집약 재배에 대
한 반응이 크지만 다른 과채류와는 달리 비교적 조방하게 취급
하여도 어느 정도의 소출을 낼 수가 있다. 이 재배 양식은 조방
재배(粗放栽培)이기 때문에 풋고추와 같은 수익을 얻을 수 없
어 육묘의 경비를 덜기 위하여 우리 나라에서 전과(乾果) 즉
말려서 고추가루 또는 실고추용으로 하기 위하여 재배할 때
일반 농가에서는 아직도 직파 재배를 하는 곳이 많다.

　가. 육 묘　파종은 해빙후(解氷後)부터 가능하지만 적기는

남부 지방은 4월 상∼하순, 중부 지방은 4월 하순이다.

파종 방법은 밭갈이하여 이랑나비(畦幅) 60cm, 포기 사이 (株間) 30cm 내외로 할 것이며, 씨앗을 한 곳에 5∼6알씩 파종하고 복토(覆土)한다. 그 위에 모래를 엷게 펴고 신문지 따위로 종이캡을 만들어 씌우는 것이 종자 발아도 빠르고 소출도 많아진다.

나. 시비 조숙 재배에 준하여 시행한다.

다. 일반 관리 고추는 곁가지가 많이 생기므로 버려 두면 밑에도 많은 가지가 생겨서 열매가 열리게 되고, 그것이 땅에 닿게 되면 고추 품질이 나빠진다. 그러므로 밑가지는 알맞게 따주는 것이 좋다.

(2) 풋고추 재배

① 조숙 재배(早熟栽培)

가. 육 묘 고추는 고온 작물이기 때문에 보온(保溫)을 소홀히 하면 모의 발육이 좋지 못하다. 파종상의 온도를 섭씨 28∼30도, 이식상은 26∼28도, 육묘 기간 중의 최저 온도는 17∼18도로 보온되어야 한다.

(가) 상토(床土) 무엇보다도 먼저 병이 없는 상토를 만들어야 한다. 남부 지방에서는 사용 2개월 전, 중부 지방에서는 사용 전녁 겨울에 땅이 얼기 전에 클로로피크린으로 소독한다.

또 보수력과 배수력을 지니게 하기 위하여 부숙된 퇴비(堆肥)를 흙과 1대 1비율로 혼합한다. 상토에 사용하는 비료량은 3.3m²당 퇴비 375kg, 석회질소 37.5kg, 용성인비(熔成燐肥) 37.5kg, 소석회 75kg, 재(木灰) 22.5kg이다.

온상내의 온도는 종자가 발아할 때까지는 30도 전후로 보온하였다가 발아 후는 온도를 서서히 내려뜨리어 20도로 한다. 고추의 육묘기는 추울 때이므로 온상 육묘를 하여야 한다. 이 때의 양열물의 두께는 파종상 45cm, 1회 이식상 36cm, 2회 이식상 15~20cm 정도면 충분하다. 그 후의 방법은 건과용 고추의 온상 육묘 방법과 같다.

(나) 파 종　약 100일 동안의 육묘에 의하여 1번과의 꽃이 개화되고, 또 원줄기에서 양 옆으로 동시에 V자형으로 생기는 두 개의 곁가지에는 꽃봉오리가 생기는 정도의 큰 모를 만들어 조기 수확에 이바지한다. 4월 하순경에 정식(早熟栽培)하려면 1월 중순경에 파종하여야 한다.

종자는 부산 30 또는 벤레이트 T에 30분간 담가서 소독하고 물로 잘 씻은 뒤에 파종상에 6cm 간격으로 골뿌림(條播)한다. 파종 후에 상온의 온도와 같은 온수(溫水)로 충분히 관수하고 상면에 볏짚과 비닐을 덮는다. 그 후의 방법은 건과용 고추의 육묘 방법과 같다.

(다) 이 식　이식은 2회 정도면 충분하다. 상온이 낮아서 3회하는 수도 있지만 보온에 노력하여 2회 이식하는 편이 화아 분화나 모의 발육이 순조롭다.

제 2회 이식은 파종 후 1개월이 지나서 본잎이 1.0~1.5개 생겼을 때 7.5×9.0cm 간격으로 한다. 상토의 두께는 9.0cm로 한다. 이식 때의 상온은 28도로 보온한다. 이식 후 2일이 경과하면 모가 완전히 활착한다.

제 2회 이식은 제 1회 이식후 25일이 지나서 본잎이 5~6개 생겼을 때 13.5×13.5cm 또는 13.5×15cm 간격으로 한다. 상토의 두께는 13.5cm로 한다. 상토가 적으면 모를 옮길 때 뿌리가 많이 상하기 때문에 활착이 좋지 못하다. 정식 10일 전에 모를 이좌(移座)한다. 이 방법은 큰 모의 활착력을 돕기

위하여 중요한 작업이며, 단근(斷根)하는 방법만으로는 불충
분하다. 정식 때 모의 활착이 좋지 못하면 1~2번과의 발육이
불량하다.

2회 이식 후부터는 충분히 환기(換氣)를 하여 주어야 하는
데 급작한 환기는 모의 잎을 타게 만든다. 밤에도 온화한 날
씨에는 환기를 한다. 육묘 기간 중에 비루스병의 예방에 주의
한다.

나. 정식(定植) 충적토(冲積土)가 뿌리 및 지상부의 발육
에 좋다. 중점토(重粘土)는 초기 발육도 늦고 토양이 건조하
면 개화수가 적고 착과수도 극히 적어진다. 사질토 역시 건조
하기 쉬우므로 문제가 된다. 건조에 대비하기 위하여 토양을
깊이 갈아서 부숙 퇴비를 많이 내는 것이 좋다.

심는 거리는 60~75×45cm이며, 아침의 지온(地溫)이 15~
16도로 되는 시기에 정식을 시작한다. 지온이 이보다 낮으면
모의 활착이 불량하다. 호박, 토마토, 오이 등의 과채류 정식
을 마친 다음에 서서히 좋은 일기를 택하여 정식한다. 조기
수확을 위하여서는 큰 모를 심어야 하는데, 큰 모일수록 활착
에 주의하여야 한다.

따라서 육묘 때 충분히 경화(硬化)시킨 모가 좋다. 정식하
는 날은 온상에 충분히 관수한다.

본포(밭)에는 정식 2~3일 전에 심을 구멍(植穴)을 파고 매
구멍마다 퇴비(堆肥)와 손으로 한 줌의 과린산석회를 낸다.
이것은 정식 후의 발근을 촉진시키기 위하여 필요하다.

정식 후 곧 비가 많이 오면 지온이 낮아져 모의 활착이 좋
지 못하므로 비가 온 후 밭흙이 안정된 다음에 심는 것이 좋
다. 지온을 높이기 위하여 이랑사이(畦間)에 맥류(麥類)를 추
파 재배하는 것이 상식으로 되어 있다.

다. 시　비　10a당 질소 26.25kg, 인산 11.25～15.0kg, 칼리 15.0～18.75kg이 표준으로 되어 있다.　토양 산도는 중성 또는 미산성이 좋으므로 밭의 경우에는 석회 37.5～75.0kg와 재(草木灰)를 살포한 후에 밭갈이를 한다.　이하는 건과용 고추의 조숙 재배에 준하여 시행한다.

〈표 1-3　풋고추 조숙 재배 시비량의 예〉　(10a당/단위 kg)

비료종류	총　량	기　비	추　비 1 회	2 회	3 회	4 회	3요소량
퇴　비	2250	2250	—	—	—	—	질소 : 26.25
깻　묵	56.25	—	18.75	37.5	—	—	
유　안	56.25	18.75	18.75	18.75	—	—	인산 : 15
용　성	37.5	37.5	—	—	—	—	
재	112.5	75.0	37.5	—	—	—	칼리 : 18.75
계분액	1500	—	187.5	375.0	375.0	562.5	

라. 일반 관리

(가) 지주(支柱)세우기　정식 후에는 매 포기마다 지주를 세워 줄기를 지주에다 잡아 매어 준다.

(나) 가지고르기(整枝)　특별한 방법이 아니라 다만 제1화(花)의 바로 밑에 생기는 굵은 곁가지 한 개만 남기고 그 밑 가지는 모두 따준다.

(다) 물주기　토양이 건조하면 고추의 발육이 좋지 못하고 개화수나 착과수가 감소되므로 건조기에는 짚을 깔아주고 관수를 하는 것이 수확량이 증가된다.

마. 수확 및 출하　큰 모를 육묘하여 정식하면 정식후 35～40일이 경과하면 제1번과를 수확할 수 있다.　충분히 발육한 풋고추부터 차례로 딴다.

과실의 꼭지는 약간 짧게 잘라서 출하한다. 수송용의 출하 상자는 조기 출하분은 3.75~7.5kg 상자를, 풋고추 가격이 싸지게 되면 15kg 상자를 사용한다.

② 난방 촉성 재배(暖房促成栽培)

가. 육 묘 파종기는 8월 상순부터 9월 상순까지이다. 이 때는 기온이 높기 때문에 육묘가 쉽다. 따라서 육묘 방법이 조방적(粗放的)으로 될 우려가 있다. 그러나 난방 촉성 재배는 운영비가 많이 필요하기 때문에 재배 초기부터 육묘에 실패해서는 안된다.

파종상에는 무균(無菌) 상태의 상토를 두께 6.0~7.5cm 정도로 묘상에 넣고 6cm 간격으로 골뿌림한다. 상면에는 종자가 발아할 때까지 볏짚을 깔아둔다. 파종 상자에 파종하여도 된다. 파종 후에는 적당히 관수를 하여서 발아를 고르게 한다. 발아 후 종자가 밀집하여 발아한 곳은 곧 솎음을 하지 않으면 고추는 발육이 빠르기 때문에 곧 도장(徒長)한다.

파종 후 20일이 되어 본잎이 2매 생기면 이식(移植)한다. 12cm 분에 이식하면 풍해(風害) 방지와 정식할 때 편리하다. 분식(盆植)하면 건조하기가 쉬우므로 관수를 게을리 하지 말아야 한다. 제 1 번화가 생길 때까지 분에서 육묘한다.

나. 정 식 정식 시기는 9월 중~하순이다. 장기 재배이기 때문에 포기사이는 적어도 45cm 이상 확보하여야 한다.

다. 시 비 본 재배는 장기 재배(長期栽培)이기 때문에 지효성 비료(遲效性肥料)를 많이 사용하는 것이 좋다. 그리고 조숙 재배 때보다 50% 증시(增施)하는 것이 성적이 좋다.

퇴비와 복합 비료를 혼합한 것을 하우스 전지면에 살포하고 쟁기로 깊이 갈아 엎는다. 이랑나비를 1.2m로 하고 통로(通路)를 45cm로 만든다. 각 이랑(栽培床)에는 기비구덩이(基肥

溝)를 깊이 파고, 그 곳에 깻묵, 골분, 계분을 혼합한 것을 시비하고 흙을 덮는다.

〈표 1-4　난방 촉성 재배 시비량의 예〉　(10a당/단위 kg)

비료종류	총 량	기 비	추	비			
			1 회	2 회	3 회	4 회	5 회
퇴 비	3750	3750	—	—	—	—	—
깻 묵	112.5	37.5	—	75.0	—	—	—
골 분	75.0	75.0	—	—	—	—	—
계 분	300.0	300.0	—	—	—	—	—
유 안	37.5	37.5	—	—	—	—	—
복합비료 (6:6:7)	375.0	187.5	37.5	75.0	37.5	18.75	18.75
유 가 (硫加)	18.75	—	—	—	18.75	—	—

　추비는 정식한 모가 활착한 다음에 제 1 회 추비를 하여 지상부의 발육을 촉진시킨다.　10월 중순에는 제 2 회의 추비를 한다. 제 3 회는 수확이 개시되면 한다.　4 회 이후의 추비는 작물의 발육 상태에 따라서 여러 번 소량씩 속효성 비료를 준다.

　라. 일반 관리

　(가) 보온

및 가온　고추
는 광선의　투
사(透射)가 좋
지 못하면 결
과율이 불량하
다. 정식 당시
는 아직도 온

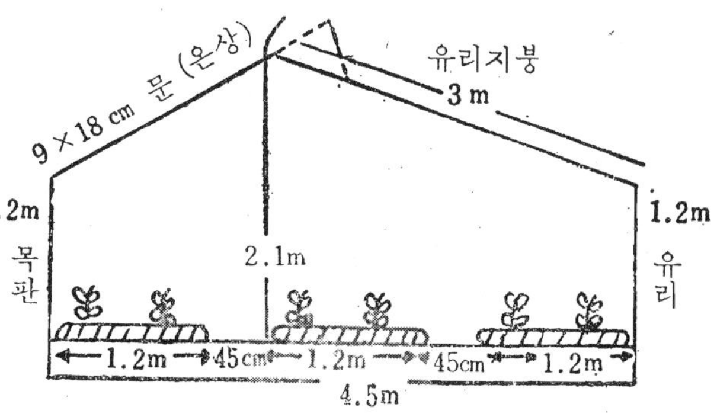

〈그림 1-5　풋고추 하우스 구조〉

도(氣溫)가 충분하므로 보온할 필요가 없다. 그러나 10월부터는 하우스에 유리를 끼워야 하고 비닐로 피복하여야 된다. 하우스의 최저 온도는 17~18도로 유지한다. 12월이 되면 온난지라 할지라도 가온(加溫)을 하여야 한다.

(나) 관수 및 환기 고추는 토양이 건조하면 착과나 과실의 발육이 불량하기 때문에 자주 관수를 하여야 한다. 그러나 공기가 지나칠 정도로 습하면 과실의 발달을 해롭게 하므로 일기가 좋은 날에는 환기(換氣)가 필요하다.

(다) 기형과(畸型果)따기 개화가 된 모를 정식할 때는 공을 드려서 심지 않으면 모의 활착이 불량하며, 기형과(畸型果)가 되기 쉽다. 기형과를 따지 않고 그대로 두면 그 후에 새로 생긴 과실 발육이 억제되기 때문에 초기에 따야 한다.

(라) 지주(支柱)세우기 지주는 90cm 길이의 대나무를 세워서 유인(誘引)한다.

마. 수 확 개화 후 30일이면 수확할 수 있다. 그러나 이때는 아직도 풋고추 가격이 싸기 때문에 조급히 착과시키지 말고, 식물체의 영양만 돕다가 12월부터 수확을 많이 올리는 것이 유리하다. 한 포기에서 400~500개 정도 출하할 수 있다

③ 무난방 촉성 재배(무난방 하우스 재배)

가. 육 묘 남부 지방에서는 하우스의 가온법의 하나로서 비닐하우스의 재배상(栽培床)의 땅 밑에 양열물을 밟아 넣어 온상과 같이 한 다음, 재배상 위에는 비닐 2중 터널을 설치하여 2월 하순에 정식하고 4월 하순부터 수확이 시작된다. 도시 근교에는 3월 하순 내지 4월 초에 정식하는 것을 표준으로 하고 있다.

(가) 파 종 파종 방법은 조숙 재배에 준하여 실시한다.

(나) 이 식 엄동 설한(嚴冬雪寒)의 시기가 길기 때문에 3

회 이식(移植)하는 것이 안전하다.

예를 들면 만일 4월 1일에 정식하는 경우에는 제1회 이식은 1월 25일에 양열물의 두께 45cm, 이식 거리 7.5×7.5cm로 한다. 제2회 이식은 2월 20일에 양열물의 두께 36cm, 이식 거리 9×9cm로 한다. 제3회 이식은 3월 10일에 양열물의 두께 24cm, 이식 거리 13.5×13.5cm로 한다.

　나. 정 식　고추는 지온(地溫) 섭씨 12도 정도에서는 몹시 힘이 들어서 새 뿌리가 생기고, 17~18도에서는 발근이 순조롭다. 따라서 이보다 온도가 낮으면 모의 활착이 불량하므로 조기 정식은 위험하다. 재배지의 지온을 조사한 연후에 정식기를 결정하여야 한다.

하우스 내의 정식상(定植床) 즉 재배상의 양열물의 두께를 15cm로 하기 위하여 재배상 밑 구덩이에 3.3m²당 볏짚 45kg, 유안(硫安) 3.75kg, 방직찌거기(紡織屑) 7.5kg를 밟아 넣어야 한다. 밟아 넣은 양열물 위에 상토를 15cm 두께로 깐다.

지온(地溫)이 20~22도로 상승되는 것을 기다려 포기사이가 30cm 이상으로 되게 정식한다. 모는 제1번화의 개화가 완료된 것을 사용한다. 정식한 다음에는 비닐터널을 2중으로 설치한다. 그리고 밤 온도가 급강하할 때에는 터널 위에 거적을 피복하여 지온의 유지에 힘쓴다. 낮에는 터널을 걷어서 광선의 투사(透射)를 좋게 하는 동시에 환기(換氣)를 충분히 하고, 관수(灌水)하는 것은 기타 재배와 동일하다.

　다. 시 비　비료는 난방 촉성 재배 때보다 적어도 무방하다. 이 시기는 기온도 어느 정도 상승되어 있기 때문에 뿌리의 발육도 좋은 편이고 비료의 효과도 비교적 좋으므로 질소 37.5~45.0kg, 인산 18.75kg, 칼리 26.25kg 정도면 충분하다. 그리고 재배장은 가온(加溫)을 목적으로 한 양열물을 밟아 넣고 상토를 그 위에 15cm 두께로 깔기 때문에 고추 뿌리는 정식 후 1개월 반 사이에는 양열물 내부로 뿌리를 박지 못한다. 따라서 깊이 비료를 내어도 초기의 효과가 적다. 그러므로 재배상의 표층(表層)을 이용하여 작물을 가꾸어야 하므로 추비(追肥)의 회수를 많이 하는 동시에 관수(灌水)를 겸하여 일시적이나마 비료 결핍 현상이 생기지 않게 한다.

　　라. 일반 관리　풋고추 난방 촉성 재배와 피이만 고추의 일반 관리 사항을 참조하여 시행한다.

　④ 반촉성 재배(비닐 터널 재배)

　　가. 육　묘　육묘 방법은 조숙 재배에 준하여 실시한다.

　　나. 정　식　정식 시기는 일찍할 때는 남부 지방은 3월 중순, 중부 지방의 도시 근교에서는 거적을 병용할 때는 4월 10일 경이지만 일반적으로는 4월 15~20일이 정식 예정일로 되어 있다.

　보온을 위하여 보통 밭의 고랑에 해당되는 곳에 맥류(麥類)를 추파 재배한다.

　10a 정식 포기수는 4000~4300포기이다. 정식 거리는 1.8m 폭 비닐을 사용할 때는 30×150cm, 1.2m 폭 비닐을 사용할 때는 24×100cm로 정식한다.

　정식 4~5일 전부터 비닐 터널을 만들어 지온을 충분히 높인 다음에 정식한다.

　　다. 일반 관리　터널 내의 온도가 30도 이상으로 높아지면 환기를 한다. 조기 정식한 경우는 밤에 반드시 터널 위에 거적을 덮어서 보온에 만전을 기하여야 한다. 일기가 좋은 날을 택하여 관수한다.

　방풍을 위하여 고랑에 재배한 맥류는 단번에 보리베기를 할 것이 아니라, 보리가 옆으로 쓰러져 넘어지지 않게 처음에는

이삭만 베고, 두 번째는 중단
(中段)을, 세 번째는 저온의
피해가 완전히 해소되었을 때
나머지 전부를 벤다.

　비닐 터널은 기상 상태를
보아서 5월 하순에 벗긴다.

　라. 수 확　보온만 충분
히 보장하여 주면 4월 중순
에 정식한 것은 5월 중~하
순에 수확을 개시할 수 있다.

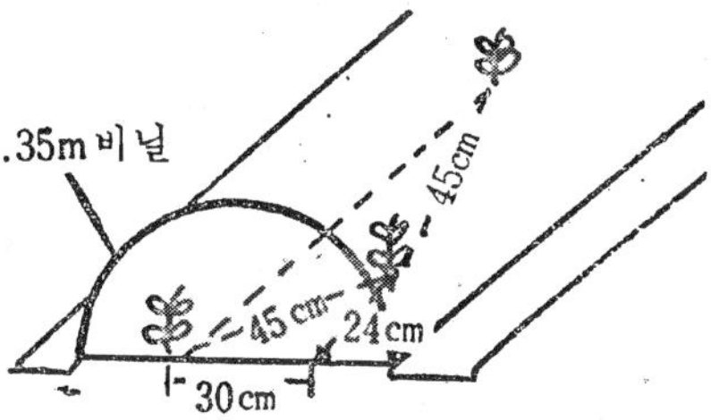

(3) 피이만 고추 재배

〈10a당 4,000포기 심기〉

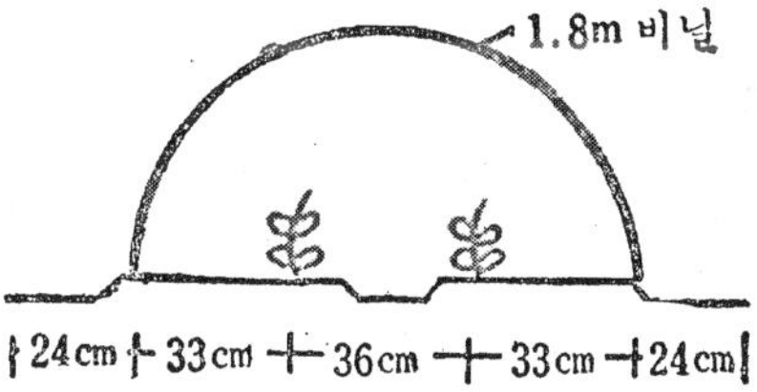

〈10a당 4,300포기 심기〉

〈그림 1-6 풋고추의 터널 정식법〉

　① 특 성　피이만 고추는 작
물의 수명(壽命)이 길어서 한
번 심으면 장기간 수확을 할 수 있다. 그 반면에 파종에서 수
확이 시작되는 일수가 길고, 육묘에 많은 노력이 필요하다. 한
편 타과채류와 비교하여 볼 때, 치명적 장해를 가져오는 병해
도 적고 일반적으로 식물체가 강건하여 재배가 용이하다.　그
리고 수확 적기에는 2~3일 정도의 폭이 있어서 시차(時差)는
크게 문제되지 않는다.

　가. **착과 습성**　주간(主幹) 즉 원줄기의 10마디 전후에 2~3
개의 분기지(分岐枝)가 생긴다.　그리고 이 분기점(分岐點)에
1번화가 생긴다. 그 다음부터는 매 마디 마다 V자형으로 동
시에 2개의 분기지가 생기면서 이 분기점에는 꽃이 생긴다.
그러므로 1번화는 1, 2번화는 2~3, 3번화는 4~6…이와 같
이 배가(倍加)되는 셈이다. 그러나 분지의 상호간에는 세력의
차가 있어서 한쪽 가지가 힘차게 자라면 반대쪽 가지는 생육

이 정지되는 수가 많다. 따라서 실제의 분지수는 계산보다는 적다. 이것은 일반 고추도 마찬가지이다.

나. 온도 관계 피이만 고추는 비교적 높은 온도를 좋아하는 작물이기 때문에 저온 조건에서는 식물체의 신장(伸長)이 불량하고 특히 과실의 비대가 정지된다. 비대할지라도 수술(蕊)이 이탈하기 곤란하고 과형은 장형(長型)으로 된다. 보다 더 온도가 낮으면 과실의 배꼽부분이 두드러져 상품 가치가 상실된다. 이러한 과실은 종자가 전혀 없거나 극히 수가 적다. 반대로 기온이 높을 때에는 식물체의 생육이 촉진되어 착과할 수 있는 마디수가 많아지기 때문에 낙뢰율(落蕾率), 낙화율이 높아진다 할지라도 절대적인 착과수가 많아저서 증수가 된다.

최적 온도(最適溫度)는 품종에 따라서 다르나, 낮의 최고 기온은 섭씨 30도 이상이면 꽃눈이 고사하기 때문에 결국 평균 기온으로서 24~26도가 적온이라고 보고 있다. 그러나 밤 온도가 22~23도 이상이면 낙화 낙뢰가 많아져서 감수를 가져온다. 지온(地溫)도 비교적 온도가 높을 때 뿌리의 작용이 활발하기 때문에 16~17도 이상의 지온이 보장되었을 때 정식(定植)할 필요가 있다.

다. 건조 관계 피이만 고추의 뿌리는 비교적 천근성(淺根性)이기 때문에 건조에 약하다. 토양이 건조하면 거의 다 낙과되며, 한여름에는 풋마름병(靑枯病)의 피해가 심하다. 따라서 난지(暖地)의 건조한 밭에서의 피이만 고추는 여름을 나기가 곤란하다.

② 여러 가지 재배형 피이만 고추는 그 특성에 의하여 〈표 1-5〉와 같은 재배형이 성립된다.

가. 하파 촉성 재배 12월 이후, 동춘계 출하(冬春季出荷)를 목적으로 재배하는 형으로 극히 제한된 지역, 즉 극난지에서

〈표 1-5 피이만 고추의 재배형〉

재 배 형	파종기	정식기	수확기	지　　　역	보　　　　온
하파촉성	8~9월	10~11월	11~6월	극 난 지	하우스, 가온
추파촉성	10~11	1~2	2~6	극 난 지	하우스, 가온
반 촉 성	11~12	3~4	4~7	일반난지	하우스, 가온
터널조숙	12~2	4~5	5~11	각　　지	터　　　널
노지조숙	1~2	4~5	6~11	각　　지	노　　　지

재배가 가능하다. 피이만 고추는 저온 조건에서는 능력을 발휘할 수 없다. 1~2월의 엄동 설한에 최저 기온을 18도로 보온하는 것은 대단히 곤란하지만 이 때에도 14~16도 이하로 더 이상 저하되지 않아야 한다. 극난지라 할지라도 하우스에 가온(加溫)하지 않고서는 수확이 불가능하다.

겨울에 최저 기온을 18도로 보온하여서 작물의 생육이 정지되지 않게 하는 것이 가장 중요하다. 골뿌림하기 때문에 생육 기간이 길어져 이보다 늦게 파종하는 재배형보다 식물체의 결과수가 확대되어 여러 재배형 중에서 동일 시기의 수량이 제일 많다.

(가) 품 종 피이만 고추는 다른 과채류보다 재배형에 알맞은 품종의 선택 여부가 수익에 미치는 영향이 크다.

하파 촉성 재배는 11월부터 수확이 시작되므로 극조생성(極早生性)이 반드시 필요하지 않지만, 저온 조건에서 착과와 비대가 양호한 품종이 요구된다. 착과수를 높이려면 분지력(分枝力)과 가지의 신장성(伸長性)이 관련된다. 그리고 과실의 비대는 과육이 엷은 소과종(小果種)이 빠르고 과육이 두꺼운 대과종은 수확 일수가 길다.

따라서 사자계(獅子系) 고추와 외국 도입종 사이의 F_1 품종인 에이스, 녹왕(綠王) 등의 중과의 조생종과 삼중록(三重綠), 창개(昌介) 등의 과육이 엷은 소과, 과수형(果數型) 품종, 그리고 십시(十市) 품종과 같은 캘리포오니아 원더계의 중~만생종이 있는데, 저온기의 재배 품종으로서 도태된 품종도 이용하고 있다.

(나) 육 묘 파종은 8~9월에 한다. 이 때는 고온에다가 건조하여 잘록병(立枯病)의 피해도 많고 진딧물의 대책도 겸하여 흑색 한냉사(黑色寒冷紗)를 묘상에 피복하는 것이 좋다. 그리고 태풍의 내습을 예기(豫期)하여 대비하도록 한다.

(다) 정 식 다른 재배형과 같이 모의 1번화가 개화하였을 때가 정식에 적당한 묘령(苗齡)인데, 정식기가 늦어지면 지온이 낮아지기 때문에 모의 활착이 늦어지므로 일찌기 정식하는 것이 좋다. 10~11월에 정식하는 것이 알맞다. 심는 거리는 24×150cm에 두 줄씩 심는다.

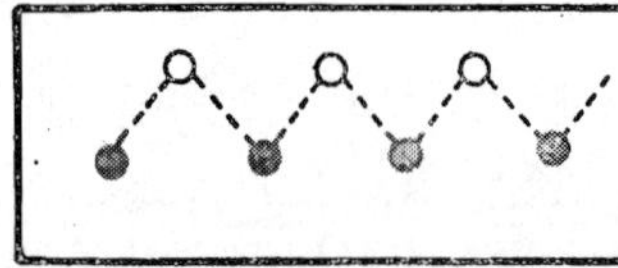

〈그림 1-7 피이만고추의 정식 본수〉

피이만고추는 생육 후반기에 이르러 줄기와 잎이 무성하여지기 쉽기 때문에 밀식 재배(密植栽培)는 난점이 있지만, 동계의 수량을 높이기 위해서는 포기사이를 예정보다 다소 밀식할 수밖에 없다. 가온(加溫)은 12월 초부터 한다. 비닐 터널, 거적 피복 등 2~3 중으로 피복하면서 또 비닐 멀칭도 하여서 지온(地溫)을 높인다.

나. 추파 촉성 재배 하우스 윤작(輪作)의 일환(一環)으로서 억제 오이 같은 뒷그루로 재배된다. 반촉성 재배의 아형(亞型)으로서 취급할 수도 있다. 혹한기(酷寒期)에 정식하여야

하므로 가온이 필요하다. 이 재배형 역시 극난지에서만 성립된다.

(가) 품 종　혹한기에 모를 정식하여 식물체의 생육을 도우면서 조기 수량을 확보하여야 하므로 극조생종이 유리하다. 또 지온 조건에서도 식물체의 신장성, 착과, 비대성이 특히 중요하다. 초기의 수량을 높이는 데는 밀식(密植)이 필요한데, 지나칠 정도로 가지나 잎이 무성하는 품종은 불리하다. 반촉성, 터널용 품종 등이 이용되고 있다. 즉 에이스, 녹왕(綠王), 삼중록(三重綠), 창개(昌介) 등이 이용되고 있다.

(나) 육 묘　10~11월에 파종한다.

(다) 정 식　1~2월에 실시한다. 정식 거리는 24×150cm에 두 줄씩 심는다. 보온의 중요성은 앞서의 하파 재배보다 크다. 왜냐하면 하파 재배는 가을에 정식하기 때문에 뿌리와 지상부가 상당히 자랐을 때(酷寒期)가 추파형의 정식기이기 때문이다. 그러므로 정식한 모가 곧 활착되어서 가지의 신장과 착과가 잘 되도록 하파형 이상으로 온도 관리가 필요하다. 충분한 보온, 조생품종의 이용 그리고 밀식에 의하여 초기 수량을 높이는 데 노력하여야 한다.

다. 반촉성 재배　하우스 내에 비닐 터널과 비닐 덮개를 병용함으로써 무가온(無加溫) 상태로 재배하는 형이다. 난지 이외의 지방에서는 정식기를 늦추든가 할 때만 가온하는 것이 필요하다.

촉성 재배보다는 수확기가 늦어지지만, 4~5월이면 아직도 고추 가격이 좋을 때이다. 이 재배형은 경비는 적게 들면서 수익을 기대할 수 있다.

(가) 품 종　추파 촉성 재배의 품종과 같은 것을 사용한다. 반촉성 재배는 5~6월에 수량이 많고, 그 생산물이 터널

〈그림 1-8 반촉성 재배의 육묘
(파이프 하우스 안)〉

조숙이나 노지 조숙과 경합(競合)이 생긴다. 그리고 이 때는 기온이 상승되어 있기 때문에 착과가 용이하므로 촉성 재배 때와 달리 다소 과실이 크고 과육이 두꺼운 품종이 유리하다.

(나) 육 묘 11~12월에 파종한다.

(다) 정 식 보통은 무가온(無加溫)의 하우스에 3~4월에 걸쳐 정식한다. 1a당 360~450포기 심는다. 그러나 정식 때에 일시적인 가온을 하면 일반 난지(暖地)에서도 정식기를 빨리 할 수가 있다. 무리하게 빨리 정식하면 모의 활착이 대단히 늦어지며, 기형과가 생기기 쉽다. 정식 후에는 비닐 2중터널, 거적덮기, 비닐덮개 등으로 철저히 보온

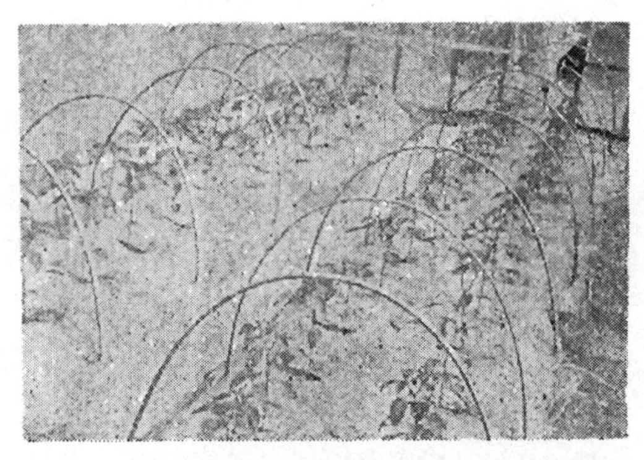

〈그림 1-9 반촉성 재배의 정식 (멀칭의 중앙에 관수 파이프가 통하고 있다)〉

한다. 기온이 높아져 무난히 착과될 시기까지 식물체의 양성에 주안(主眼)을 두는 것이 상책이다.

라. 터널 조숙 재배 이 재배형은 비닐 터널을 시설한 곳에 다시 비닐덮개와 거적 피복을 병용하면 노지 조숙 재배보

다 3주간 정도 조기 정식(早期定植)이 가능하다. 수확은 난지에서는 5월부터 시작되는데 고추 가격이 좋은 5월 중에 과연 어느 정도의 수확고를 높이는가가 문제가 된다. 그리고 여름을 지나서 하우스 비닐을 제거하고 가을까지 수확을 계속하는 것이 유리할 때가 많다. 가을에 하우스의 비닐을 다시 덮어서 11~12월까지 수확을 계속시킬 수도 있다.

(가) 품 종 추파 재배형에서 그 재배를 가을까지 계속시키는 경우 초세가 약하고 월하(越夏)가 곤란하거나 고온기에 매운맛이 생기는 품종은 사용할 수 없다. 사자계 고추 중 삼중록(三重綠)은 초세가 약하고 우기(雨期)에 회색곰팡이병의 피해가 심하며 매운맛이 나타나므로 사용할 수 없다.

석정록(石井綠)과 같이 전 생육 기간을 통하여 전혀 매운맛이 없고 월하가 용이한 품종이 좋다. 중~대과의 피이만 고추 중에서는 반촉성 재배 때와 같은 품종들이 수확이 시작되는 시기가 빠르다는 점에서 이용된다. 중~만생종이라도 수확이 시작되는 시기는 늦으나 조기 수량이 많은 품종이라면 유리하다. 극조생종은 일반적으로 더위에 약하고 수량이 적은 경향이다. 품질이 좋고 다소 과육이 두꺼운 품종을 택한다. 금(錦), 취옥(翠玉) 2호, 녹왕(綠王), 에이스 등의 조기 출하용 품종 외에 난지에서는 기옥(琦玉) 등의 중~만생종도 무방하다.

(나) 육 묘 12~2월에 파종한다.

(다) 정 식 4~5월에 걸쳐 30~33×150cm로 두 줄씩 정식한다. 이 때 지온을 16~17도로 확보한 다음에 모를 심는다. 본 재배에서는 거적과 비닐덮개를 겸용하든가 그렇지 못하면 대형 터널로 하는 것이 유리하다. 기타 문제는 노지 재배 때와 공통으로 취급하면 된다.

마. 노지 조숙 재배 온상에서 육묘하기 때문에 보온이 필요

하지만, 노지에 정식하므로 재배가 용이하다. 그러나 이 재배의 수확 전반기부터 출하되는 촉성, 반촉성, 터널 조숙 재배의 생산물과 경합이 생겨서 고가 판매는 기대할 수 없다.   다만 품질이 우량한 품종의 선택 재배나 그렇지 않으면 가을까지 장기간 수확을 계속하는 것으로서 수익을 확보할 필요가 있다.

(가) 품 종 재배가 가장 쉬운 재배형이기 때문에 품질이 좋으면 중~만생종이라도 무리없이 재배할 수 있다. 과육이 엷은 조생종 품종은 도리혀 불리하다.   이 재배에서는 비루스병의 피해가 심하므로 이 병에 저항성이 강한 품종을 사용한다. 중조생종의 F_1 품종 외에 요로 원더, 캘리포니아 원더 등의 고정종(固定種)이 알맞다.

(나) 육 묘 1~2월에 파종한다. 보통 정식기에 1번화가 개화될 정도로 모가 되도록 육묘 기간을 두고 파종한다. 중~만생종을 사용하므로 육묘 기간은 100일이 되는 수가 많다.

(다) 정 식 늦서리의 위험이 없어진 다음 4~5월 경에 정식 거리 25~30×60cm로 심는다. 터널 및 노지 조숙 재배에서는 풋마름병, 비루스병, 더뎅이병의 방제에 유의하여야 한다.

③ 시 비 (施肥)

가. 삼요소 흡수량 최근 조사에 의하면 노지 재배의 경우는 과실 1t을 생산하는 경우의 양분 흡수량은 질소 5.8kg, 인산 1.1kg, 칼리 7.4kg이지만, 하우스 피이만 고추는 질소 3~4kg, 인산 0.3~0.7kg, 칼리 4~5kg의 범위이다. 이것은 하우스 재배가 노지 재배보다 양이 적다는 것을 나타낸다. 양분 흡수량의 이와 같은 차이는 재배 양식에 따라서 양분 흡수의 효율이 크게 다르다는 것을 말해 준다.

또 다른 조사의, 작물에 흡수된 양분이 과실에 흡수된 양과 경엽(莖葉)에 남아 있는 양을 시험한 바에 의하면 요소가 모두 과실에 흡수된 부분이 가장 많은 것은 비료를 가장 적게 준 곳(小肥區)이었다. 비료를 표준으로 준 곳(標準區)과 가장 많이 준 곳(多肥區)은 그보다 적었다.

이 관계는 흡수된 양분이 소비구에서 가장 효율적으로 과실의 생

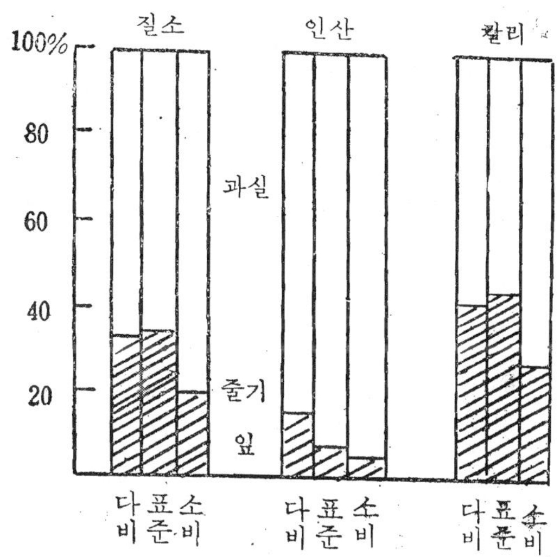

〈그림 **1-10** 과실과 경엽의 비료 흡수 비율〉

산에 이용되었다는 것을 나타내고 있다. 이 시험은 시비량을 증가한다 할지라도 그것은 불필요한 줄기와 잎을 무성하게 하는 데 역할을 할 뿐 과실의 생산에는 도움을 가져오지 못한다는 것을 나타낸다. 즉 비료를 증시하는 것만으로는 증수할 수 없다는 것이 되는데, 조건에 따라서는 다비(多肥)에 의한 증수가 불가능한 것은 아니다.

나. 시비량 피이만고추의 시비량은 10a당 질소 50~70kg, 인산 30~80kg, 칼리 45~65kg의 범위로서 지방에 따라서 차가 크다. 인산 같은 것은 약 3배의 차가 있다.

피이만 고추의 시비량은 다른 작물에 비교하면 대단히 많다. 분시(分施)할 때에는 매회마다 많은 비료를 내지 않도록 한다. 다량의 비료를 일시에 시용하는 것은 토양 내의 양분 농도가 급격히 높아져 농도 장해와 가스 장해가 생기며, 비료의 손실도 가져오므로 주의해야 한다.

〈표 1-6 피이만 고추의 시비량의 예(1)〉(10a당/단위 kg)

비 료 종 류	총량	기비	추비	3 요 소 량
유 채 박(油菜粕)	600	450	150	질소 : 67.8
CDU인가안(燐加安)	160	160	—	
액 비(液肥) 2 호	80	—	80	인산 : 73.8
중 소 인(重燒燐)	120	120	—	
황산칼리(黃酸加里)	60	40	20	칼리 : 62.2
아 즈 민	40	40	—	
면 화 설(綿花屑)	2000	2000	—	
볏 짚	1200	1200	—	
고토석회(苦土石灰)	300	300	—	

〈표 1-7 피이만 고추의 시비량의 예(2)〉(10a당/단위 kg)

비 료 종 류	총량	기비	추기	3 요 소 량
퇴 비(堆 肥)	4000	4000	—	
과 채(果菜) 1 호	160	160	—	질소 : 52.4
C D U S 6 8 2 호	60	60	—	
BM 용 인(熔燐)	80	80	—	인산 : 46
황산칼리(黃酸加里)	20	20	—	
계 분(鷄 糞)	200	200	—	칼리 : 51.8
액비특(液肥特) 2호	240	—	240	
고토석회(苦土石灰)				

　유기질 비료와 완효성 비료(緩効性肥料) 또는 액비(液肥)를 사용하는 것은 토양 내에서 서서히 분해되어서 장기간에 걸쳐서 흡수되는 비료와 관수 시설을 이용하여 소량씩 회수를 자주하여 시비하는 액비가 경영상 유리하기 때문이다.

　종래 과채 재배에서는 시비 기준량보다 시비량을 많이 내는 경우가 많다. 이러한 경우 흔히 줄기와 잎만 무성하고 과실의 수량이 적은 수가 많으므로 주의해야 한다.

　피이만 고추는 비옥한 토양을 요구하므로 하우스 피이만 고추의 시비량은 대단히 높다. 이 때에는 다량의 유기질을 시비하여 토양의 완충능(緩衝能)을 높여줌으로써 농도 장해를 회피할 수 있다. 유기질을 다량 시용하는 것이 피이만 고추의 증수에 제일 필요하다는 것은 주산지의 토양 관리를 보아도 잘 알 수가 있다. 그리고 토양의 염기 상태(鹽基狀態)를 알맞게 보존할 필요성도 높아가고 있다. 토양 상태를 화학적 방법으로 조사하여 석회, 고토, 칼리 등의 알맞은 균형이 유지되도록 노력하여야 한다.

　④ 일반 관리(一般管理)

　가. 가지고르기(整枝)　피이만 고추는 본잎이 8~9매 나올 때쯤 1번화가 핀다. 그리고 그 밑에서는 많은 곁가지(側技)가 생긴다. 이 때에 밑으로 두 개만 남기고 다른 곁순을 모두 잘라버리고, 세 줄기만 자라게 한다. 이와 같이 가지고르기를 하지 않고 방임(放任)해 두면 가지가 많이 생기기 때문에 복잡해져서 광선 부족 때문에 결과율이 낮아지며 나무의 세력이 약해진다.

　피이만 고추의 갱신 전정(更新剪定)은 7월부터 8월에 걸쳐 시장 가격이 싼 것과 수세(樹勢)의 소모를 방지하여 9월 이후의 다수확을 위하여 한다. 그 방법은 지상 50~60cm의 곳을 7월 하순~8월 상순에 실시한다. 전정 후의 수확은 약 30일부터 시작된다.

　나. 유인(誘引)　고추가지 유인에는 면사(綿絲)를 사용한다. 비닐하우스 재배에서는 재배상(栽培床) 위에 높이 2m의 철사 울타리를 16~18번선 철사로 만들어 포기당 7~8개의 결과지(結果枝)의 끝을 하나씩 면사로 잡아매어 포기 중심부가 옆으

로 퍼지도록 울타리 철사에 유인한다. 이 작업은 정식(定植) 후 1개월 경부터 시작한다. 그리고 초세(草勢)의 조절은 면 사로 잡아맨 가지의 끝 생장점(生長點)을 위로 또는 옆으로 이동시켜서 한다.

다. **짚깔기(敷草)와 관수(灌水)** 여름에 기후가 건조하면 짚 을 깔아주며 때때로 관수한다. 짚 위에 관수하면 흙이 굳어지 지 않는다.

라. **매운맛(辛味) 방지** 맵지 않은 피이만 고추가 때로는 매 워지는 수가 있다. 피이만 고추의 매운맛은 카프사이신 성분이 생겨서 집적(集積)되기 때문이다.

카프사이신이 생겨 매워지는 원인은 밤의 온도가 21도 이상 의 경우, 저온과 건조 때문에 과실의 비대가 정지되는 경우, 무가온 하우스 재배 등에서 불완전 단위 결과(單爲結果)에 의 하여 석과(石果)가 생겨 과실의 비대가 불량한 경우 때문이다.

석과가 되는 것은 저온에 의한 수정(受精)이 되지 못한 경 우이므로 밤의 온도는 최저 15도, 가능하면 18도로 보존해야 한다.

마. **생리적 낙과(生理的落果) 방지** 하우스나 터널 재배 때에 장차 1~3번과가 될 꽃봉오리가 생겨도 곧 황변(黃變)해서 낙

<표 1-8 피이만 고추의 생육 온도와 결과율>

생육온도	착뢰(着蕾) 까지의 일 수(日數)	개화(開蕾) 까지의 일수	결실(結實) 까지의 일수	결 과 율 (結 果 率)
도	일	일	일	%
10~16	103	135	—	2
16~21	66	85	164	78
26~27	54	72	135	42
32~38	45	68	—	2

과하는 수가 있다.

　그 원인은 온도가 낮을 경우, 환기(換氣)가 불충분하여 하우스 내가 다습(多濕)하였을 경우, 보온을 위해서 2~3중으로 터널을 하여 일조 부족의 경우 등이다. 그러므로 이에 대비한 관리를 잘 하여야 한다.

　바. 열매의 검은 기미(黑痣) 방지　과실의 표면에 검은 색소가 생기는 수가 있는데, 이것이 생긴 것은 상품 가치가 크게 떨어진다. 이것은 저온, 건조 때에 생기기 쉽다. 또 품종에 따라 차가 있는데, 장강교배도(長岡交配都) 피이만고추는 검은 기미가 적게 생긴다. 저온과 건조 상태가 되지 않도록 관리한다.

　⑤ 수 확　8월 상순에 파종한 고추는 10월 하순부터, 8월 하순에 파종한 고추는 11월 중순에 수확이 시작된다. 답리작을 이용한 하우스 재배는 6월 하순까지 수확을 계속한다. 밭에 시설한 하우스 재배는 8월 하순까지 수확을 계속할 수 있다. 대묘(大苗)를 정식한 것은 정식 후 35~40일(개화 후 30일)이면 1번과를 수확할 수 있다. 과실이 충분히 발육

<그림 1-11　수확한 피이만 고추>

(과실 무게 30g 정도)되어 시장 출하에 알맞게 되면 순차적으로 수확한다. 수확할 때 다른 과실에 상처를 주기 쉬운 고추의 열매꼭지를 짧게 자른다.

5. 병충해 방제(病蟲害防除)

　전과용 고추와 풋고추는 비교적 병에 강하여 흑색탄저병(黑

色炭疽病), 무름병(軟腐病), 역병(疫病), 풋마름병(靑枯病),
비루스병이 때때로 발생할 정도고, 피이만 고추에는 비루스병
의 피해가 심하고 다음에는 무름병이 발생하기 쉽다. 해충으
로서는 담배나방과 진딧물 이외에는 그다지 문제가 되지 않
는다.

(1) 병해(病害)의 방제

① 비루스병 이 병에는 두 가지 형이 있다. 하나는 토마토
비루스와 같이 잎이 양치류(羊齒類) 식물의 잎과 같이 많은
열편(裂片)이 생기거나 또는 가늘고 기다랗게 띠 모양으로 된
다. 또 하나의 형은 담배의 모자이크이다.

가. 증 상 가지의 끝이 검어져서 죽고, 잎은 마그네지움
결핍 때와 같이 황색의 반문(斑紋)이 생겼다가 낙엽이 진다.

나. 방 제
소묘 때 피해가 심하므로 대묘를 육묘하여 정식한다.

○ 피해주와 접촉을 피한다.

○ 매개 해충인 진딧물은 메타시스독스, 피리모 등으로 구
제한다.

○ 담배를 피운 손은 반드시 비누로 씻은 후에 작업한다.

② 흑색 탄저병(黑色炭疽病)   전생육 기간을 통하여 발생하는
데, 특히 기후가 온화하고 비가 많이 오는 계절에 피해가 심
하다. 또 과실의 성숙기에 발생이 심하다. 고추의 병 중 피해
가 큰 것에 속한다.

가. 증 상 과실과 잎에 발생하는데, 특히 숙과(熟果)에
많은 피해를 준다. 과실이 이 병에 걸리면 처음에는 수침상
(水浸狀)의 작은 반점(斑點)이 생기고, 시간이 경과하면 갈색
으로 변하면서 병이 걸린 곳이 오목해지고, 병반이 확대되면

동심윤문(同心輪紋)이 나타난다. 병이 좀더 진행되면 병반의 중심부는 회색으로 변하고 그 병반 위에 포자(胞子)의 덩어리, 즉 소흑립점(小黑粒點)이 동심원상(同心圓狀)으로 생긴다. 이 병에 걸린 잎은 처음에는 황색의 작은 반점이 생겼다가, 병반이 확대되면 갈색 불규칙형(褐色不規則形)으로 되고, 종말에는 병반의 중심부가 다소 퇴색되어 회색으로 변한다.

나. 방 제

○ 종자는 무병과에서 채종해야 하며, 시판 종자는 벤레이트 T 또는 부산 30으로 소독한다.

○ 발생이 심한 밭에서는 추경(秋耕)을 철저히 시행한다.

○ 밀식(密植)을 하지 않도록 하고, 배수에 유의한다.

○ 다이젠 400배액, 6~3식 보르도액을 살포한다.

③ **육색 탄저병**(肉色炭疽病) 일명 붉은빛 탄저병이라고도 하며, 흑색 탄저병보다 적게 발생하여 피해 정도가 약하다.

가. 증 상 과실의 표면에 담황갈색(淡黃褐色)이며, 타원형의 오목한 병반이 생겨서 그 곳이 물러진다. 그리고 그 표면에 작은 회백색(灰白色)의 포자층이 동심원상으로 생긴다. 포자층은 포피 밑에 형성된다.

나. 방 제 흑색 **탄저병**에 준한다.

④ **역병**(疫病) 여름의 기후가 비교적 저온으로서 다습(多濕)할 때 많이 발생한다. 그렇다고 해서 비가 적은 해에는 발생하지 않는 것도 아니다. 그리고 과실의 수확기에도 번지는 수가 있다. 병균의 발육에 적당한 온도는 30도 내외며, 최고 온도 37도 최저 온도는 10도이다. 이 균은 토양 내에 장기간 생존할 수 있어 발병의 원인이 되며, 건조 때에는 줄기와 잎에 기생한 균이 생활력을 상실한다.

가. 증 상 어린 모일 때 본잎이 생기기 시작하면 발생하

는데, 모가 지면(地面)에 접하고 있는 줄기 부분이 수침상(水
浸狀)으로 물러져서 암록색(暗綠色)으로 변하고, 그 곳이 곧
옆으로 쓰러져서 잘록병(立枯病)과 같은 증상을 나타낸다. 밭
에 정식한 후에도 대개는 지면과 접한 줄기 부분에 발병되어
병반이 암록색으로 변해지고 물크러져서 그 곳이 꺾어져 옆으
로 쓰러진다. 그리고 기후가 건조하면 식물체가 시들어져 말
라 죽는다. 잎에는 처음에 원형의 암록색 반점이 생기는데, 나
중에 병반이 확대되어 물러지며 낙엽이 된다. 그리고 잎의
병반이 건조하면 갈색의 반점으로 변한다.   과실에도 암록색
수침상의 반점이 생기며, 그대로 물러지고 다시 갈색으로 변
하며 식물은 죽는다.

<그림 1-12 역병의 피해 과실과 줄기>

나. 방 제

○ 발병이 심한 지대에서는 내병성 품종을 선택한다.

○ 가지과, 박과 이외의 작물과 윤작(輪作)한다.

○ 종자는 무병과에서 채종하며, 시판 종자는 반드시 소독

한다.

○ 생육 기간 중 6~3식 석회보르도액을 살포한다.

⑤ 무름병(軟腐病)　8월초부터 수확기까지 발생하며 탄저병(炭疽病) 다음으로 피해가 크다.

발육에 알맞은 온도는 26~32도, 최고 42도, 최저 10도이고, 사멸 온도(死滅溫度)는 50도에서 10분간이다. 중성(pH 7.0) 조건에서 가장 번식이 왕성하다. 이 병균은 종자 전염 및 토양 전염을 한다.

가. 증　상　주로 미숙과에 발생하는데, 병반은 황백색 또는 황갈색의 불규칙한 반점이 생겨서 그 주위는 수침상을 나타낸다. 병세가 심해지면 과실의 내용은 소실되어 약간의 외피와 섬유만이 남는다. 그러나 열매의 꼭지만은 병의 피해를 받지 않는다. 피해과는 꼭지 부근에서 탈락되는 것이 보통이다. 그러나 때로는 백색으로 말라 붙어서 그대로 가지에 남는 수도 있다. 이 병균은 거의 전부가 담배나방의 유충(幼虫)이 과실을 먹은 자리(喰痕)로 침입하며, 병반의 중앙에는 조그만한 구멍이 생긴다. 이 병이 잎에 발생할 때는 담갈색이고 부정원형(不正圓形)인 작은 반점이 생기며, 그 중심은 반투명해지고 엷어진다. 그리고 그 주위는 갈색으로 변하여 다소 두드러진다. 줄기에 생기면 방추형(紡錘形)의 반점이 생겨서 그 중앙부는 회백색, 주연(周緣)은 자흑색(紫黑色)을 나타낸다.

나. 방　제

○ 종자는 반드시 무병과에서 채종하며, 시판 종자는 벤레이트 T 또는 부산 30에 30~60분간 침지 소독(浸漬消毒)한다.

○ 본포에서는 전염의 매개체인 담배나방의 구제를 한다.

○ 발병지에는 석회를 10a당 200kg 시용하는 것도 효과가 있다. 스토레프마이신 제제(製劑)의 살포도 효과적이다.

⑥ **더뎅이병**(斑點細菌病)   고온 다습한 시기에 발생한다. 5~6월부터 발생하기 시작하여 9월경이 가장 피해가 심하다. 기온이 20도 이하로 내리면 발생하지 않는다. 흔히 볼 수 있는 병이다. 이 병은 종자 전염하는 것이 많다.

　　가. 증 상   처음에는 잎의 뒷면에 약간 두드러진 조그만한 반점이 생겨서 이것이 확대되어 직경 3~4mm 내지 1cm 정도의 원형 또는 부정원형(不正圓形)의 병반이 생긴다. 병반의 주위는 암갈색이고 다소 두드러지며 중앙부는 약간 오목하다. 한여름이 되면 병반 중앙부가 백색으로 변하여 말라서 조기에 낙엽의 원인이 된다. 어린 잎에는 엽맥에 따라서 수침상의 병반이 생겨서 후에 기형(畸形)으로 된다. 줄기에 이 병이 오면 처음에는 수침상의 조반(條斑)이 생기고, 후에는 병반의 표면이 파괴되어 거칠어진다. 과실에는 이 병의 피해가 적지만 일단 발생하면 원형 또는 장원형의 병반이 생긴다.

　　나. 방 제
○ 종자는 무병과에서 채종하며, 시판 종자는 소독한다.
○ 배수가 잘 되는 비옥한 땅에서 재배한다.
○ 피해주는 빨리 없애버리고 상습지는 윤작한다.
○ 발병초에는 항생제를 살포한다.

⑦ **겹둥근무늬병**(輪紋病)   고온 다습(高溫多濕)하거나 비료가 부족하여 생육이 불량할 때 발병한다.

　　가. 증 상   잎의 표면에 다갈색(茶褐色)의 원형, 타원형 또는 부정형의 병반이 생기는데, 병반의 주위는 암자색(暗紫色)이다. 과실에는 흑갈색의 병반이 생겨서 약간 오목해진다. 후에 병반의 표면에 소흑립점(柄子殻)을 형성한다.

　　나. 방 제
○ 가지과 채소의 연작을 피한다.

○ 비료 부족 현상이 없도록 충분히 시비(施肥)한다.

○ 발병 초기에는 마네브제 다이젠 400배액을 3회 1주일 간격으로 살포한다.

⑧ 점무늬병(斑點病)　봄과 가을에 비가 내릴 때나 저습지(低濕地)에서 발병이 많다.

가. 증　상　잎에 원형 내지는 타원형의 다소 두드러진 병반이 생기고 이것이 후에 차차 회갈색으로 변한다. 주변은 암갈색으로 나타나며, 다시 병반 주변의 외각은 희미한 황색을 나타낸다.

나. 방　제

○ 종자는 반드시 소독한다.

○ 저습지에서는 배수에 특히 유의한다.

○ 다이젠 400배액이나 석회보르도액을 살포한다.

⑨ 흰가루병(白粉病)　이 병은 각지에 널리 분포하고 오이, 호박, 참외, 박 등에도 발생한다. 가을에 가장 발생이 심하다. 이 병균은 피해 식물에서 겨울을 지난 후 다음해의 전염원이 된다.

가. 증　상　잎의 뒷면에 흰가루(分生胞子)가 생겨서 잎은 점차 퇴색되어 황색으로 변하여 조기 낙엽이 되지 않으면 죽는다.

나. 방　제

○ 시설을 이용한 재배에서는 관수(灌水)와 통풍(通風) 관리를 철저히 한다.

○ 발병 초기에는 유황화, 황화칼리 등의 약제를 일찍 사용한다.

○ 예방에는 석회유황합제 보오메 0.3도액의 살포가 유효하다.

(2) 충해(蟲害)의 방제

① **담배나방**(煙草夜蛾)　연 2 회 발생하나 발생이 불규칙하여 제 1 회 발생 시기는 5 월 하순~8 월 중순, 제 2 회는 8 월 상순~10월 상순이다. 땅속에서 번데기로 월동한다. 재배 포장 주위에 가지과 작물을 재배할 때 피해가 크다.

　가. 생태와 피해　나방이 꽃에 산란하면 부화하여 어린 고추 속으로 들어가 고추와 함께 자란다.

　어린벌레(幼虫)가 고추의 잎, 줄기, 열매를 먹어서 해치며, 촉성 재배를 하는 고추에서는 8 월 상순~9 월 하순에 피해가 심하다.

　나. 방　제

○ 작물의 생장점 부근에 알을 낳으므로 알이나 어린벌레를
　잡아 죽인다.

○ 피해 과실은 따서 묻어버린다.

○ 세빈 1000배액이나 파단 등을 살포한다.

② **거세미나방**(無膏夜蛾)　6~7월 및 8~9월 경에 걸쳐 연 2~3회 발생하여 어린벌레로서 땅속에서 월동한다. 재배 포장 주위에 잡초가 많을 때 피해가 크다.

　가. 생태와 피해　어린벌레가 각종 작물의 지면 가까운 줄기를 먹어서 해치며, 그 일부를 땅속으로 끌어 들여 식해(喰害)한다.

　나. 방　제

○ 재배 포장 주위의 잡초를 제거한다.

○ 피해가 심한 지대에서는 파종 또는 재배 포장에 정식하기
　전에 드린제 등의 분제입제를 10a당 3~5kg 정도를 토양
　에 처리한다.

제2장

토마토

1. 재배 경영상의 특성

토마토는 가지과에 속하는 일년생 반덩굴성 식물로서, 우리 나라에서는 일년감이라고도 한다. 토마토의 원산지는 남미 페루이며, 우리 나라에는 1900 년대 초에 들어왔다.

(1) 성상(性狀)

씨앗은 작고 납짝하며 회백색의 짧은 털로 덮여 있으며, 잎은 녹색이고 불규칙한 깃꼴 겹잎으로 되어 있다. 그리고 엽액(葉腋; 잎겨드랑)에서 가지가 많이 나는 성질이 있으며, 잎의 표면에는 수많은 털(毛茸)이 있고, 특수한 냄새를 가진 즙액을 분비한다. 겉껍질은 아주 엷고, 과육이 연하며, 특수한 향미(香味)가 있어서 기호 식품으로서 그 가치가 높다.

토마토는 무기질과 비타민 A, B₁, B₂, C를 다량으로 함유하는 영양 소채이다. 또 소화를 도와 위장에 좋고, 알카리도가 높아 피를 깨끗이 한다. 그리고 이뇨제로서도 효과가 크므로 보건용 이외에 병자에게도 적합한 식품이다. 그리고 많은 탄수화물과 단맛, 신맛이 알맞게 들어 있는 즙액이며, 수박처럼 냉성(冷性) 과일이 아니므로 대용식(代用食)으로 많이 먹어도 위장에 지장을 일으키지 않는다. 그 위에 보기도 탐스럽고, 과실이 부족되는 도시의 가정에서 애기들로부터 어른에 이르기까지 참으로 좋은 보건 채소이다.

(2) 경영 합리화

① 적은 값으로 생산하는 방법

○ 토마토 가꾸기에 필요한 거름 요소, 양 및 시기를 알고 거름의 종류 및 거름 양을 결정하여 거름값을 절약한다.

○ 각 재배형 시설 자재(資材)의 구조 및 이해 득실(利害得失)을 잘 알아서 자재비에 무리가 없도록 한다.

○ 기계화할 수 있는 작업은 기계의 능률 및 기계 이용에 소요되는 비용을 잘 검토하여 기계화를

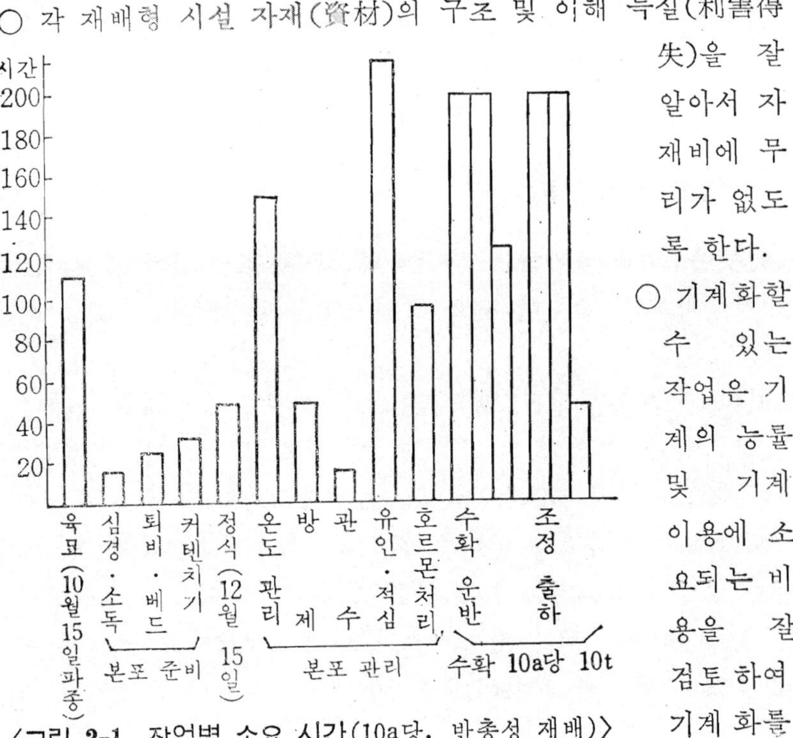

〈그림 2-1 작업별 소요 시간(10a당, 반촉성 재배)〉

피하여 노임(勞賃)을 절약한다.

○ 운반, 판매 등의 기능을 충분히 발휘하여 더욱 값싸게 포장하고 짐꾸리는 방법을 연구하여 그 경비를 절약한다.

○ 개인 출하하던 것을 공동 출하할 때는 다시 그 체제를 강화하여 출하비의 경감을 꾀한다.

② 많은 값으로 팔기 위한 방법

○ 값이 비싼 시기에 출하할 수 있도록 재배형을 정한다.

○ 재배형이 같더라도 고도의 재배 기술을 습득하는 것에 의하여 수확량을 올리고 또한 많이 팔 수 있다.

○ 소비자의 기호에 맞는 좋은 품질의 것을 많이 가꾼다.

○ 각 시장의 동태 및 입하량의 상황을 잘 파악하여서 값이 비싼 날, 혹은 값이 비싼 시장에 출하한다.

2. 재배 환경(栽培環境)

(1) 기상 조건

토마토는 온난하고 건조한 기후를 좋아하는 채소이다. 발아 온도는 섭씨 18~30도 범위에서 높을수록 좋고, 생육 온도는 낮에는 25~26도, 밤에는 15~17도가 적당하다. 또 개화는 15도 이상이면 가능한 온도이나, 이보다 낮으면 수정에 장애가 생긴다. 착색 온도는 20~25도이며 12도 이하로 기온이 너무 낮거나 35도 이상으로 너무 높으면 착색이 좋지 않다. 일장은 중간 정도가 좋지만, 광도가 약할 때에는 낙과(落果)를 많이 한다.

(2) 토양 조건

토마토는 건조에 강한 작물이며, 저습지보다는 고조(高燥)한 땅에 잘 된다. 오늘날에는 비닐하우스나 비닐터널이 일반

화되어 저습지나 논뒷짓기로도 많이 이용되고 있다.

토성(土性)은 참땅(壤土)으로부터 모래참땅(砂壤土)까지가 가꾸기에 좋다. 그러나 소출을 높이는 데는 아무래도 다소 무거운 참땅이 좋고, 조기 출하를 목적으로 할 때는 모래땅이나 모래참땅이 적당하다. 그러나 모래땅에서는 건조하기 쉬우므로 물주기를 게을리해서는 안된다.

토마토의 밭은 물빠짐이 좋고 공기의 드나듬도 좋으며, 또한 알맞게 물기가 있는 곳이 이상적이다. 땅의 통기(通氣)를 좋게 하여 뿌리의 발달을 촉진시키기 위해서 될 수 있는대로 많은 유기물을 주는 것이 좋다.

토양 산도에 대한 적응성은 비교적 폭이 넓지만, 가장 알맞은 산도는 6.2~6.4 가량의 약산성이다. 일반적으로는 대체로 산성의 밭이 많으며, 산도가 낮으면 시들음병에 걸리기 쉬우므로 석회를 주어 교정할 필요가 있다.

〈표 2-1 토양 산도와 토마토의 소출〉(헤스터, 단위 kg)

토양 산도(pH)	4.45	5.0	5.5	5.95	6.15	6.45	7.0
소출 (1포기 당)	902	778	1,002	1,650	1,500	1,830	1,370

3. 품 종(品種)

(1) 복수 2호

일본 오오사카 농사 시험장에서 후르츠와 쥰핑크와의 교배에 의해 육성된 품종으로 조생종이며 점질 토양에서 발육이 좋다. 150g 정도의 소과이며 다비성 품종이므로 비료를 많이 주고 적과를 해 주어야 한다. 저온 착색이 용이하므로 촉성 및 억제 재배에 많이 이용된다.

(2) 내병홍보석

과중이 180～220g 정도이며 노지 재배와 촉성 등에 두루 쓰이는 품종인데 조생종이며 풍산성이다.

(3) 대형복수

조생종이며 역병에 강한 품종으로 평균 과중 250g 정도의 대과이며, 풍산성이나 저온 적응성이 좋지 않아 시설 내에서의 재배는 부적당하다. 초세가 약하게 되면 기형과가 생기기 쉬우므로 비배 관리를 잘 해야 한다.

(4) 내병장수

과중 200g 내외의 중과이며 조생종으로서 노지, 억제, 촉성 어느 작형에도 무난한 풍산성의 품종이다.

(5) 만수조생

저온 적응성이 강하며 노지 재배에도 적합하다. 110～230g 정도의 과중을 가지고 있으며 모양과 색이 좋다.

(6) 보관 2호

조중생종 품종으로서 초세가 강하고 잎의 신장이 빠르다. 토양의 적용 범위가 넓고, 육묘 기술이나 불량 환경 조건의 차가 있더라도 비교적 좋은 상품이 생산된다. 촉성, 반촉성 재배에 좋다.

(7) 동　광

원예시험장 부산지장에서 육성된 품종으로서 TMV와 시들음병 및 더뎅이병에 강하며, 과실의 크기는 복수 2호와 비슷한 시설 재배용 품종이다.

4. 재배법(栽培法)

토마토의 재배형에는 촉성 재배, 반촉성 재배, 조숙 재배, 노지 및 하우스 억제 재배, 가공용 재배 등이 있는데, 여기서는 먼저 공통적인 재배 방법에 관해서 설명하기로 한다.

(1) 육묘(育苗)

조기에 많은 소출을 올리려면 무엇보다도 큰 모를 정식하는 것이 좋다. 보통 60~70일쯤 육묘하면 제 3 화방(花房)까지 꽃눈이 분화되어 있다.

이와 같이 하여 장래 수확하는 과실의 다소, 크기 등은 육묘 중의 환경에 의하여 대개 결정되어 버린다.

① 파종(播種)

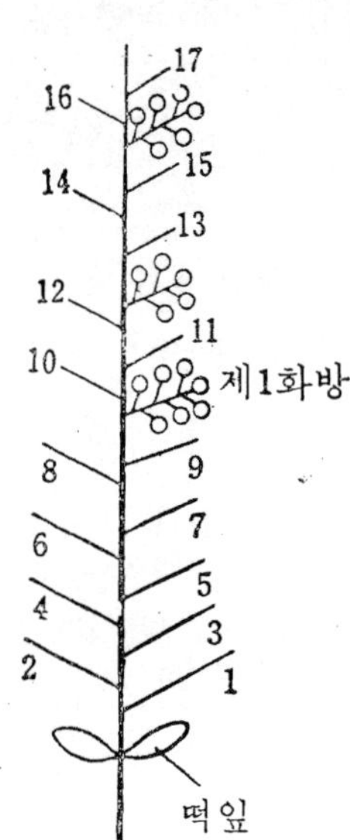

화방(花房)은 마디 사이에 착생하는 것처럼 보이지만 발생학적으로는 정아(頂芽)가 꽃받침으로 되어 있다.
〈그림 2-2 착화 습성(着花習性)〉

가. 파종상(播種床) 모판은 햇볕이 잘 쬐며 바람이 적고 따뜻한 장소를 선정한다. 건물에서 가까운 곳은 관리하기에는 편리하지만 왕왕 햇볕 쬐는 시간이 짧은 곳이 있으므로 아침부터 저녁까지 햇볕이 충분히 쬐는 데가 좋다. 모판의 둘레에는 바람막이를 만들어 방풍, 보온의 효과를 올리도록 해야 할 것이다.

파종 모판에서는 씨앗을 엷게 뿌릴수록 좋으므로 10a당 4~5m² 가량 준비하면 좋다. 만약 파종량이 많아서 간격이 좁다면 일찌기 이식하지 않으면 안되고 제 1 화방의 착과도 좋지 않다.

토마토는 저온에서도 싹이 잘 트지만 일제히 싹트게 하기 위해서는 섭씨 28~30도 가량의 열을 내어, 25도 가량의 온도가 1개월 동안 지속되도록 밟아 넣는다. 그러나 가지에 비하면 훨씬 낮은 온도에서도 지장이 없으므로 양열물 밟아넣기는 적어도 된다. 양열물은 파종 5~7일 전에 밟아 넣는다.

밟아 넣는 재료는 각기 흙의 상태에 따르는 것이나, 주재료는 손쉽게 구할 수 있는 것을 고르고, 짚, 외양간거름, 낙엽, 들풀 등을 적당히 배합하여 쌀겨, 황산암모니아, 뒷거름, 석회질소 따위를 가하여 발열시킨다.

모판흙은 반드시 소독한 것을 체에 쳐서 쓴다. 곱게 넣지 않으면 흙의 두께가 고르지 않아서 온도가 불균일하게 된다.

　　나. **파종 시기**　파종 시기는 여러 가지의 작형에 따라 다르며, 수확 시기를 기준으로 하여 정한다. 육묘 일수가 60~70일이므로 파종 시기는 정식 예정일로부터 60~70일 정도 역산한 날짜로 한다.

　　다. **파종 방법**　양열물을 밟아 넣은 뒤 4~5일만에 발열해 오므로 온도가 오르는 상태를 봐가면서 씨를 뿌린다.

씨앗은 미리 1주야 동안 미지근한 물에 담구어 두고, 뒤에 벤레이트 T 또는 부산 30에 30분간 담구어 소독한다. 잎곰팡이병, 시들음 병등은 씨앗에 붙어서 전염할 우려가 있으므로 씨앗 소독은 모판흙 소독과 마찬가지로 꼭 행하여야 한다.

토마토는 싹틔우기(催芽)할 필요는 없다.

씨뿌리기에 앞서, 모판흙을 잘 저어서 온도가 균일하게 되도록 둘레의 흙과 속의 흙을 혼합한다. 그래서 모판흙의 겉면이 수평으로 되도록 잘 고른다. 모판면이 수평이 아니면 물주기에 불편하며 모종의 자람이 고르지 못하므로 특히 주의해야 한다.

그 후 판자로써 폭 2.5~3cmm의 극히 얕은 파종 고랑을 만든다. 파종 고랑은 남북향으로 하되 8~10cm의 간격을 띄운다. 여기에 3.3m²당 80ml의 씨앗을 고르게 줄뿌림한다. 10a 당의 씨앗 소요량은 약 100ml이다.

파종 후에는 소독한(체에 친 것) 흙으로 씨앗이 보이지 않을 정도로 덮고, 싹이 틀 때까지 물을 충분히 주고, 그 위에 짚을 엷게 깔아서 장지를 덮어 밀폐해 둔다.

라. 파종상의 관리   모판의 온도는 너무 높거나 너무 낮으면 싹틈의 상태에 나쁜 영향을 미치므로 낮에는 섭씨 30도, 밤에는 25도 정도를 유지하도록 한다.   낮 온도가 30도를 넘을 때에는 환기(換氣)를 하지 말고 거적이나 발 따위를 덮어서 빛을 차단하여 온도가 내리는 것을 기다린다.

이러한 관리 방법으로 4~5일이 경과하면 싹이 트기 시작한다. 이 때에 짚을 걷어주면 싹이 웃자라지 않고 고르게 된다. 이후는 온도를 내리는 편이 자람에 좋으며, 1.5cm 간격으로 속아서 모종을 고르게 한다.

그 뒤는 대체로 25도 가량을 표준으로 하여 밤 온도는 차츰 조금씩 내리게 하는 기분으로서 관리하며, 환기에 주의하여 웃자라지 않게 한다. 그리고 따뜻하고 바람없는 한낮(15도 이상)인 때는 장지를 제거하여 직접 햇볕에 쬐도록 해 준다. 밤의 통기(通氣)에는 직접 찬 바람이 불어들지 않도록 가마니 따위로써 반드시 가려 두지 않으면 위험하다.

파종 모판의 물주기는 아직 추운 시기이므로 미지근한 물을 쓸 것이며, 조금씩 여러 번 주는 것보다는 한꺼번에 많이 주는 편이 좋다. 보온을 위한 거적(가마니)덮기는 아침에는 일찍 제거하고 저녁에는 늦게 덮어서 볕쪼임 시간을 길게 해

준다.

② 이식(移植)　이식 회수 및 포기사이, 시기는 육묘 일수에
의하여서도 다르지만 대개의 기준을 표시하면 다음과 같다.

〈표 2-2　이식 시기와 포기사이〉

이식 육묘 일수	제 1 회		제 2 회		제 3 회		비　교
	씨뿌 린뒤	포기 사이	이식 한뒤	포기사이	이식 한뒤	포기 사이	
	일	cm	일	cm			분에올리기는
60일	25~30	10×10	20~25	12×12	—	—	제 2 회이식때
70일	25~30	10×10	20~25	15×15	15일 뿌리돌		에한다. 80일
80일	25~30	12×12	25~30	18×18	리기 하여 분 에 올린다.		모종은반드시 분에올린다.

가. 제1회 이식　10cm 가량의 이랑 넓이에 줄뿌림한 모판
에서는 씨뿌린 뒤 25~30일 경이 제 1 회 이식 시기가 된다.
10cm 이하의 모판에서는 당연히 이 시기보다 일찍 이식하지
않으면 안 된다.

이 시기는 꽃눈의 분화기이므로 이식이 늦어서 밀식되는 일
이 없도록, 또 이식할 때 식상(植傷)이 없도록 할 것이며, 미
리 이식상의 준비를 해 둔다.　이 시기부터는 모의 자람과 꽃
눈의 분화 발육이 병행하여 일어나므로 육묘 온도를 다소 내
리는 편이 좋다. 따라서 양열물 밟아 넣는 량은 파종 모판의
7~8할이면 되나, 이식 직후는 25도 이상이 필요하므로 최고
온도일 때에 이식할 수 있으면 가장 이상적이다.

〈표 2-3　볏짚을 주체로 한 양열물 밟아넣기 예〉

	볏 짚	쌀 겨	덧거름	물	모판흙의 두께
	kg	l	l	l	cm
파 종 모 판	170	27	220	220	10
제 1 회이식상	110	15	150	150	15
제 2 회이식상	75	10	75	75	15

이식은 모판 온도가 오르게 되면 맑은 날을 골라서 행한다. 제 1 회 이식은 물주기를 하지 않고, 이랑사이에 손가락 끝을 가지런히 하여 손을 넣어 5~6본씩 한꺼번에 살며시 파 올린다. 물주기를 하면 흙과 함께 뿌리가 잘라져서 도리어 더 많은 식상을 일으키기 쉽다.

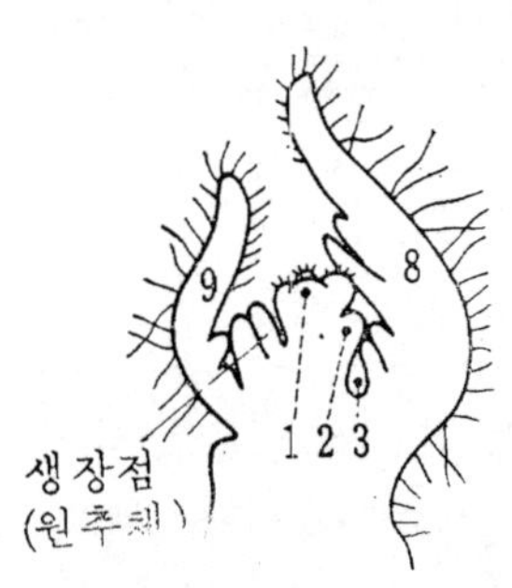

1, 2, 3은 제 1 꽃받침의 제 1 번 꽃이 되고 8, 9 는 신장해서 8, 9잎으로 된다. 생장점에서는 1, 2잎이 초생(初生)하려 하고 있다.

〈그림2-3 꽃눈(花芽) 분화(파종후 38일)〉

이식상은 소정의 표지를 해 두고서 왼손 손가락 끝으로써 심을 구멍을 파고 여기에 모를 심어서 가볍게 흙을 긁어모아 주되, 포기 밑둥은 눌러 주지 않는 편이 좋다. 옮겨심기가 끝난 곳에서부터 미지근한 물을 주어서 될 수 있는 한 일찍 장지나 비닐 포장을 덮어서 밀폐한다. 볕쪼임이 강할 때는 발을 덮어서 차광(遮光)하여 시들지 않도록 한다.

나. 제2회 이식　제 1 회 이식 후 20일 가량 지난 뒤에 제 2 회의 이식을 한다. 본잎 5~6장이 벌어질 때이다. 포기사이는 15cm 사방으로 한다.

제 2 회 이식상의 양열물 밟아 넣기는 양이 더 적어도 된다. 그러나 활착할 때까지는 온도가 높은 편이 좋다.

모판흙은 정식할 때 식상이 일어나지 않도록 유기물(완숙 직전의 두엄)을 혼용한다. 또 인산거름을 3.3m²당 500g 가량 첨가한다. 모판에는 전날 또는 당일 아침에 양열물 밑까지 스며들도록 담뿍 물을 줘 놓고, 옮길 때는 흙을 붙여서 이식하도록 한다. 이식한 뒤는 될 수 있으면 빨리 밀폐 차광하여 시들지 않도록 해 둔다.

분에 올리려면 이 때에 행한다. 분의 크기는 클수록 좋으나 대개 12~15cm 이상의 분을 쓴다. 분에 올려 두면 건조하기 쉬우므로 이 때의 모판흙은 기름지고 부드러운 것이 좋다.

다. 뿌리돌리기(根廻) 제 2 회 이식을 한 뒤 정식까지 20일 이상 걸릴 때는 뿌리돌리기를 한다. 뿌리 돌리기는 정식 10일 전이 가장 좋다.

뿌리돌리기 하는 법은 식칼이나 대삽 따위로써 포기와 포기사이를 바닥까지 가로 세로로 잘라서 즉, 뿌리를 잘라서 거기에서 새로운 실뿌리가 발생하도록 하는 것이다. 가로 세로를 단번에 끊어 버리면 시들기 쉬우므로 가로로 끊고 난 뒤 하루쯤 지나서 세로를 끊도록 하고 물을 충분히 준다.

분인 때는 포기사이가 좁아지면 분을 이동시켜서 포기사이를 넓힌다. 토마토의 육묘에서는 무엇보다도 포기사이를 충분히 취해 둘 것이 중요하다. 80일 이상 육묘를 할 때는 포기사이가 좁아지므로 뿌리돌리기만으로는 무리이다. 그러므로 다시 같은 방법으로 제 3 회의 이식을 하여 포기사이를 18cm 이상 되도록 한다. 그러나 이와 같은 큰 모종을 육성할 때는 분에 올리는 것이 좋다.

라. 이식상(移植床)의 관리 토마토는 건조한 곳에서도 잘 자라지만, 건조 육묘한 것은 육묘 중이나 정식 뒤의 자람이 나쁘므로 모판흙의 표면이 언제나 습기가 약간 차 있을 정도로 물을 준다. 물론 흙에 수분이 많을 때에는 환기를 해 준다.

온도 관리면에서 본다면 어느 경우에나 이식할 때는 25~27도 가량의 온도가 있어야 활착이 좋다. 활착한 뒤는 그 시기에 알맞은 육묘 온도까지 내리도록 한다. 제 1 회 이식상에서는 활착한 뒤 밤 온도를 초기는 20도, 후기는 15도 가량으로 한다. 그러나 낮 동안은 26~28도 쯤의 온도가 있는 편이 좋다. 제 2 회 이식상에서는 활착한 후 밤 온도를 10~15도까지 내림다. 그러나 낮에는 26~28도 쯤의 온도가 있어야 한다.

정식한 때가 가까와지면 저온에 단련시키기 위해서 환기의 정도를 크게 하고, 무리가 따르지 않을 범위에서 낮이나 밤에 장지를 제거해 준다.

병의 예방을 위하여서는 정식 전, 모판에 다이젠(물 18*l*에 30g)을 살포해 둔다. 정식 전에 화방에는 토마토톤(자람호르몬) 50배를 살포한다.

(2) 정 식(定植)

① 시기(時期)   씨뿌린 뒤 75~80일 가량으로서 본잎 8~9장이 펴지고, 제 1 화방에서 꽃피기 시작할 무렵이 좋다.   그러나 각 재배형에 의하여 여러 가지 문제가 따르게 되므로 모판의 관리 및 모종의 소질, 정식 때의 기상, 밭의 조건 등을 잘 생각하여 실시하도록 한다.

정식에 적당한 날은 흐린 날로서 따뜻하고 바람이 없을 때가 가장 좋으나, 튼튼하고 좋은 모종이면 강한 바람 이외의 날이면 맑은 날 한낮에 정식을 해도 아무런 지장이 없다.

② 방법(方法) 병충해 방제의 점에서 보면 드물게 심는 편이 좋지만, 고온 건조에서 가을의 온도 변화가 심한 다우기(多雨期)를 경과하므로 열과(裂果)가 많아진다.   그러므로 여기에 대한 대책으로서 과실에 직사 일광이 쬐여서 과실 껍질이 경화(硬化)하여 일소(日燒) 따위가 일어남에도 관계되는 것이므로 과실은 잎의 그늘에 숨겨져 있는 정도,

〈표 2-4 이랑사이·포기사이·심는 본수〉

이랑사이	포기사이	10a당포기수
90cm	36cm	3,000포기
90	45	2,400
90	60	1,800
120	75	1,800
120	60	1,350

즉 75~90cm 이랑에 30cm 포기사이로 밀식한다. 약제 살포는 보통 때보다 많이 하여 좋은 품질의 토마토를 생산하도록 노력한다. 정식 전날의 저녁, 또는 당일의 이른 아침 모판에 충분히 물을 줘 두고, 포기는 흙을 많이 붙이도록 하여 분흙을 크게 뗀다.

밭의 심을 구멍은 모 포기가 충분히 들어갈 수 있을 크기로 하고, 깊이는 다른 작물보다 다소 깊게 1.5cm 정도로 한다. 그러나 지나치게 깊게 심으면 새뿌리의 발생이 늦고, 초기 생육까지 지연된다.

정식할 때 모종의 좋고 나쁨이 그 뒤의 자람에 영향을 주는 것이며, 결국은 초기의 소출 및 수확기에 큰 차가 나타나므로 되도록 공들여서 곱게 정식한다.

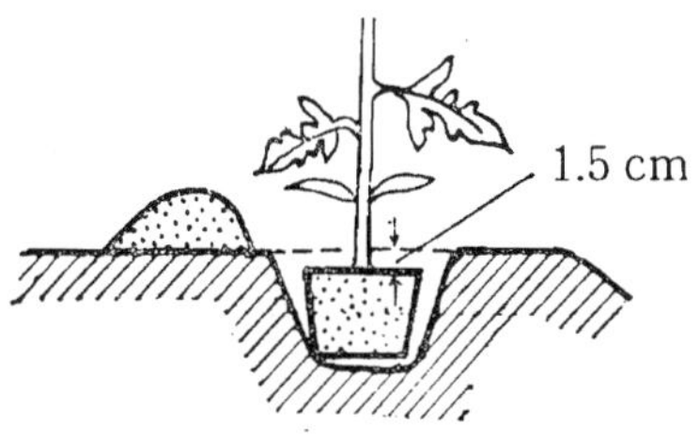

〈그림 2-4 정식의 깊이〉

토마토의 화방은 모두 제 1 화방과 같은 방향에 붙는 습성이 있으므로, 정식할 때 어느 방향으로 심으면 좋을 것인가를 고려해야 한다. 일찍 내고자 할 경우에는 되도록 직사 광선을 많이 받게 하기 위하여 지붕형의 지주가 있을 경우에는 제 1 화방을 지주의 바깥 쪽으로 향하게 하여 심고, 반대로 고온기의 억제 재배에서는 일소(日燒)·열과(裂果) 따위를 막기 위하여 화방을 안쪽으로 향하게 하여 심는 편이 좋다.

물주기는 정식 때에 충분히 줘 두면 그 뒤는 날마다 줄 필요는 없으며, 또 건전한 모종을 완전하게 심어 두었다면 모종은 이틀날에 다소 시들기는 하지만 2~3일 만에 거의 회복하므로, 정식 뒤의 해가리(日覆)는 필요치 않다. 불량한 모종은 이틀날 아침에 둘러 봐서 보식(補植)해 주면 된다.

(3) 시비(施肥)

① **3요소의 흡수량** 질소는 토마토의 자람에 따라서 차츰 많이 흡수되어 결과기에 가장 많다. 그리고 초기(제 1 화방) 수확 이후의 흡수는 차츰 줄어져서 후반(後半)의 흡수는 적은 편이 된다.

인산의 흡수는 가장 적으며, 질소 흡수가 왕성한 시기보다 좀 이른 착과 초기에 많지만 큰 변화는 없고 최후까지 서서히 흡수를 계속한다.

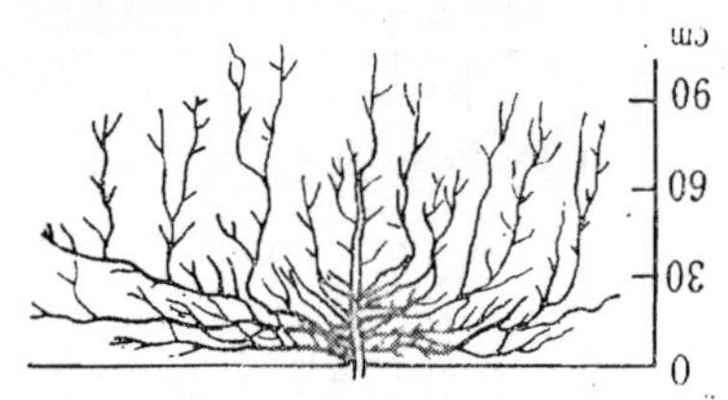

〈그림 2-5 토마토의 뿌리 뻗음〉

칼리는 흡수가 가장 많으며, 결과기에 들면 점점 더 많이 흡수한다.

이상 거름의 성질에서 생각해 보면 질소와 칼리는 밑거름과 웃거름으로 상당량을 주고, 인산은 밑거름을 주체(主體)로 하여 준다.

② **3요소의 효과**

가. 질 소 토마토의 소출을 지배하는 주요 성분이다.

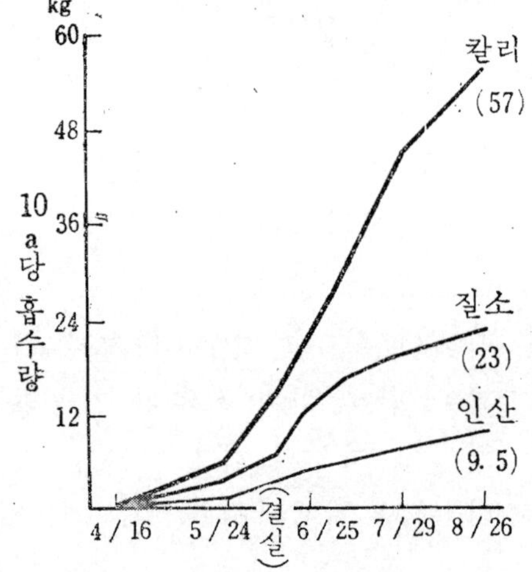

〈그림 2-6 토마토의 거름 흡수 상태〉

특히 질소는 땅의 상태가 모래질 지대이고 지하 수위가 높은 곳이나 온도가 높고 비가 많은 곳일수록 유실됨이 빠르고, 또 화학적 성질이 특히 유효태(有效態)로서 흙속에서 남지 않는 것이므로 밑거름, 웃거름이 모두 상당량 필요하여 요령껏 나눠서 주지 않으면 안된다.

토마토의 과실은 모종 때부터의 화방(花房) 세포가 결정하는 것이므로, 좋은 화방을 만들고 착화(着花)를 확실하게 하는 데는 초기의 질소 흡수의 다소에 의하는 것이므로 속효성의 질소거름을 초기에 줄 것이 중요하다.

또 착과한 것이 거둘 때까지 45~50일 간이나 포기의 가지에 달려서 자라지 않으면 안되므로 장기 재배나 고온기를 경과하는 억제 재배 따위에서는 후기에 품질이 좋은 과실거두기를 목표로 하는 것이므로 밑거름에는 거름 효과가 늦게 나타나는 유기질 거름을 주체로 하고 웃거름도 수확 말기까지 계속할 필요가 있다.

　나. 인 산　질소 및 칼리에 비하면 그 흡수량이 적으므로 큰 역할을 하지 않는 것처럼 생각되나, 식물체에 있어서는 극히 중요하다.

인산을 조기에 밑거름으로서 많이 주면 뿌리 특히 잔뿌리의 발달이 촉진되어, 정식 당시의 식상 방지와 동시에 정식 후의 양분 흡수가 증대되므로 개화 결실과 성숙기를 빠르게 하는 등 그 효과가 크다. 특히 인산은 유실되어 없어지는 양이 적으므로 밭 전면에 깊게, 전량을 밑거름으로 줄 것이며, 웃거름으로서는 별로 큰 효과는 없다.

　다. 칼 리　과실의 착색, 과실고르기 등 품질의 향상에 관계함과 동시에 병충해에 대한 저항력의 증대, 가뭄해나 풍해에 대해서 강하여진다.

칼리가 흡수되면 먼저 동화 작용의 기능을 촉진하고, 볕쪼임 부족의 경우에도 동화 생성량을 늘게 하므로 기후가 나쁜 때는 특히 그 효과가 크다.

실제로 칼리는 인산과 마찬가지로 흙속을 이동 유실되는 일

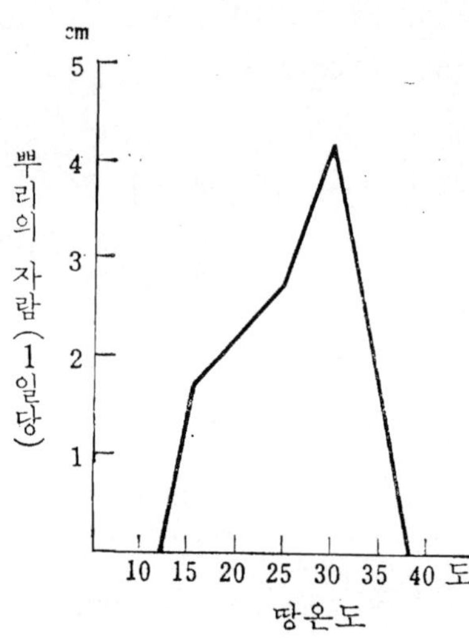

〈그림 2-7 뿌리의 자람과 땅
온도의 관계

이 적으므로 질소보다 다소 적게 주는 편이 좋다.

특히 거름을 흡수하는 힘이 왕성하므로 어린 모종 때에 과다하게 주면 자람이 방해될 뿐 아니라, 일시 자람이 중지하여 다른 요소(마그네슘 등)의 흡수에 지장을 이르켜서 그 요소에 결핍 증세를 일으키기 쉬우므로 거름을 과다하게 주는 것은 생각할 문제이다. 자람에 따라 서서히 흡수되도록 깊고 넓은 범위까지 주게 되면 그 효과는 크다.

③ 시비량 거름주는 양은 재배형, 기후와 토질 조건, 경영 조건, 품종 등에 따라 차이는 있으나 질소는 최저 23~26kg에서 장기 재배 및 다비(多肥) 재배에서는 37.5~45kg을 준다. 질소 23kg을 기준으로 할 때 인산은 15~19kg, 칼리는 23~26kg 정도로 준다.

이외에도 두엄을 적어도 1,875~3,750kg 가량 주어 땅의 개량을 도모함과 동시에 간접적인 병충해 방제에도 노력해야 한다.

④ 시비 방법 토마토의 자람에 적당한 pH는 중성이므로 석회를 충분히 주어 갈아 일군다. 모래참흙 지대는 별도이나 기타의 지대에서는 될 수 있는 한 일찍 이랑 장소를 정하여 밑거름을 넣는다.

특히 토마토는 심근성(深根性) 채소이므로 정식 고랑은 될 수 있는 한 깊고 넓게 하여 유기질 거름을 중심으로 하여 주는 것이 좋다.

웃거름은 활착후 7~10일 경에 제 1 회 웃거름으로서 속효성의 거름을 소량 포기 변두리에 둥글게 주도록 한다. 그 후 약 1개월 지나서 제 2 회 웃거름을 준다.

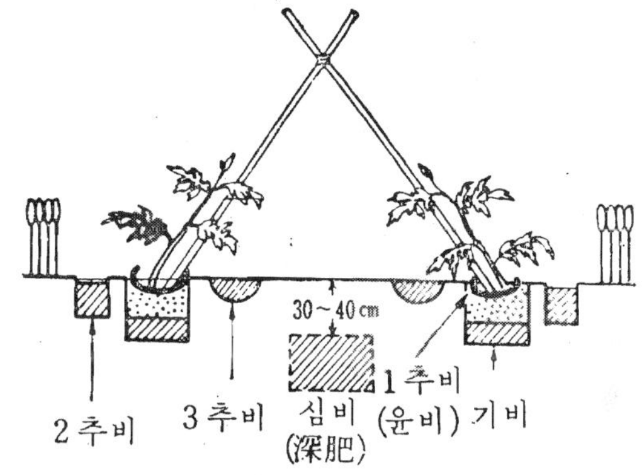

〈그림 2-8　시비 방법〉

우기(雨期)에 화학거름을 많이 주게 되면 역병 따위 병의 발생에 좋은 조건으로 되며, 웃자라서(徒長) 결실이 불량해진다. 이 시기 이후는 뿌리도 상당히 잘 뻗어 있고, 또 흙올림할 때 뿌리를 자르게 되면 풋마름병 및 시들음병이 발생하므로, 흙올림을 지나치게 하지 말고 가벼운 토질에서는 중갈이(中耕)하여 섞어 주는 정도로 해 둔다. 웃거름은 이 시기가 주체로 되며, 자람에 힘을 더해 주는 때이기도 하다.

제 3 회 웃거름 이후는 수시로 포기의 상태나 자람 기간의 장단에 따라 적절히 준다.

⑤ **3요소 외의 요소**　토마토는 3 요소 이외에 특히 석회의 흡수량은 많은 편이며, 이것이 모자라면 배꼽썩음병(尻腐病)의 발생 원인이 된다. 우리 나라의 땅은 산성인 곳이 많고, 땅속에는 석회의 천연 공급량으로서 상당히 함유되어 있으므로 석회 결핍이란 있을 수 없을 것이라 생각하겠지만 채소 재배 지대처럼 토지의 이용도가 높아지는 때나, 다른 거름을 많이 주어 증수(增收)를 바라는 곳에서는 석회의 결핍증도 많아지게 된다.

최근에는 화학거름을 중심으로 차츰 다비(多肥) 재배가 행하여지게 되어, 각지에 여러 가지의 미량 요소 결핍이 생기게 되었다. 특히 최근에 많아진 마그네슘 결핍증은 주로 아랫잎에서부터 발생하여 잎파랑치(葉綠素)가 없어져서 낙엽이 되든가, 동화 기능이 감퇴되고, 병에 견딜 힘도 약해지므로 경시(輕視)할 수 없는 것이다.

또 망간 및 붕소의 결핍도 주의해야 할 것이지만, 현재 토마토에 있어서는 극히 특수한 지대를 제외하고는 그처럼 문제가 되고 있지 않다.

(4) 일반 관리(一般管理)

① **지주**(支柱)**세우기와 유인**(誘引)　재배형이나 지대에 따라서 지주를 세우는 방법은 여러 가지가 있다. 요는 간단히 할 수 있고, 자재가 많이 들지 않으면서도 튼튼하게 세울 수 있으면 된다.

촉성 및 반촉성 재배에 있어서 조기의 소출을 목표로 하는 경우에는 될 수 있는대로 밀식을 한다. 비닐 하우스 따위에 있어서는 직립(直立)으로 세워 나가면 햇볕을 충분히 받을 수 있고, 또 통기(通氣)도 좋으며, 각 포기가 충분히 자랄 수 있으므로 이상적이다.

유인은 월 2∼3회 하는데, 모종이 넘어지거나 굽어지지 않도록 지주에 묶어 나아간다. 그 자재(資材)는 볏짚 따위를 반으로 잘라 두들겨 준

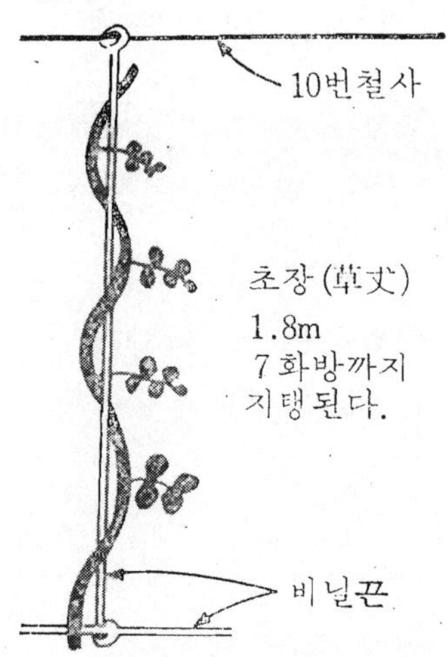

〈그림 2-9 비닐끈에 의한 유인〉

것을 이용하는 것도 좋으나, 비닐끈이 편리하다. 묶는 방법은 결과(結果)된 과실이 미끄러져 내리지 않도록 먼저 지주에 묶고, 비닐은 화방이 달린 한 잎 위나 아래에 줄기가 살쪄도 졸려지지 않을 만큼 여유있게 하여 지주의 좌우에 묶는 것이 좋다.

② 눈따기(摘芽)와 순자르기(摘心) 품종에 따라서 다소 다르기는 하나 제 1 화방의 개화 직전 쯤부터 각 잎겨드랑(葉腋)에서 곁눈이 많이 나온다. 이 때 그냥 두게 되면 그 중 2~3개는 특별히 많이 자라서 어느 것이 원가지인지 알 수 없을 뿐 아니라, 영양이 손실되고 초기의 화방이 빈약하게 되며 수확기가 늦어진다. 따라서 소출도 오르지 않으므로 일찍 눈을 따주는 것이 좋다.

눈따기는 유인, 수확, 풀뽑기를 할 때에 밭을 돌보면서 아직 눈이 작으면 손가락 끝으로써 연한 눈을 옆으로 꺾어주면 간단히 떨어진다. 그러나 눈따기 작업만 하려 할 때는 날씨 좋은 날을 골라서 따주도록 한다.

이 때 주의할 점은 눈이 너무 커서 가위로 자르든가, 손톱으로써 비틀어 잡아 당기든가 하면 상처가 커져서 즙액(汁液)이 나오며, 여기에 비루스 포기 따위가 닿게 되면 곧 건전한 포기에 전염하게 된다. 또 끽연자(喫煙者)의

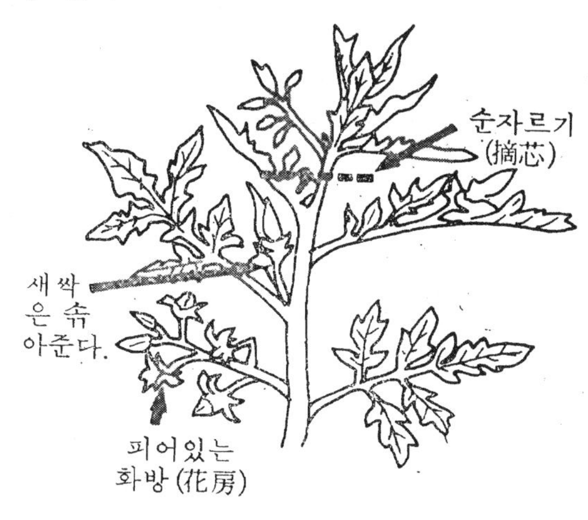

〈그림 2-10 순자르기 요령〉

담배에서도 감염되므로 작업 전에는 반드시 손을 씻도록 한다.

순자르기는 보통 조숙 재배에서와 같이 거름을 많이 주고 적당한 재식 밀도(栽植密度)를 지니게 하여 연속적으로 거두는 때는 필요치 않다.

그러나 뒷그루(뒤짓기)의 관계 및 거름주는 양, 밀식 등 관계로서 초기의 소출에만 중점을 두는 경우에는, 꽃핀 뒤 여름이라도 45일 쯤 되면 성숙하므로 역산(逆算)하여 수확을 끝내는 예정일의 45일 전에 필 최후의 화방에서 윗쪽 2～3장만 남기고 순을 자른다.

순은 작을 때에 잘라버리는 것이 좋으며, 그 뒤에도 윗마디에서 계속 곁가지가 나오는대로 이것은 일찍 제거하도록 한다. 또 병에 걸려서 아랫쪽의 병든 잎줄기를 따버린 때는 목적하는 과실의 아랫쪽 과실따기만 하고 순은 자르지 말고 되도록 잎줄기의 확보에 노력한다.

③ 잎따기(摘葉) 비닐 재배에서나 온실 재배에서 밀식되어 잎이 지나치게 무성하였을 때나, 병해가 심한 잎이나 햇볕을 전혀 받지 못한 아랫잎 따위는 제거해 줌으로써 유리한 재배 경영을 할 수 있다. 그러나 이상의 경우를 제외하고는 절대로 잎을 따 줄 필요는 없으며, 잎은 한 장이라도 소중히 여겨 상하지 않도록 할 것이 중요하다.

④ 과실솎기(摘果) 과실솎기는 보통 때에는 하지 않으나, 품종에 따라서는 화방에 과도히 착화(着花)되는 수가 있으므로 이 때 모양이 고르고, 질이 좋은 과실을 얻기 위하여 적당히 솎는 것이다. 이밖에도 병든 과실, 기형과(畸型果) 등은 솎아 주도록 한다. 그러나, 1화방에 3～4개 가량 적당량(適當量)의 결과이면 솎아 줄 필요가 없으므로 그냥 방임해 둔다.

실제로 과실솎기를 할 때는 각 과방(果房)에 어느 정도 결과된 것이 좋으냐 하면 화방의 기부(基部)의 것을 남기고, 선단부의 화경(花梗)이 가는 꽃을 제외하여 1~2화방은 3~4개, 그 윗쪽의 화방은 4~5개 가량이나 남겨도 된다. 단, 품종 및 포기 세력, 수확 시의 가격 등을 잘 연구 조절하여 적당히 수를 정해 나가도록 할 것이 중요하다.

⑤ 비닐 멀칭과 짚깔기 멀칭이라 함은 지면 전체를 비닐이나 폴리에칠렌필림으로서 덮는 것을 말한다.

그러나 멀칭 중에서도 짚을 까는 법도 시행되고 있으며, 토마토 재배에서는 그 효과가 높다. 여름의 고온 건조시에 짚을 깔아주게 되면 땅온도가 오르는 것을 막고 땅의 수분을 지니게 할 뿐만 아니라, 뿌리의 자람을 촉진시켜 병해를 막아주는 구실을 하며 잡풀 번무(繁茂)를 막는 등의 목적이 달성되고 있다.

그러나 재배 시기 및 흙의 조건으로 봐서는 짚깔기를 해주는 것이 반드시 유리하다고 할 수는 없다. 비닐하우스나 터널, 온실 촉성 재배에서는 짚을 깔아주면 땅온도가 내리게 되어 도리어 뿌리의 자람이 억제되므로 저온기의 짚깔기는 좋지 않다. 또 지하 수위가 비교적 높아서 보수력(保水力)이 풍부한 곳에서는 특별히 깔아 줄 필요는 없다.

그러나 겨울에서 초봄의 추운 시기에는 땅 온도의 상승 및 습도를 지니게 하기 위하여서는 비닐 멀칭의 효과는 크므로 실시하도록 한다.

비닐은 광선의 투과율이 좋은 것일수록 땅온도의 상승 효과는 크므로, 헌 비닐이면 깨끗이 씻어서 빛이 잘 투과하도록 할 것이 중요하다. 또 땅표면과 비닐면과의 사이에 공간이 생겨도 온도 효과의 장해가 되지 않으며 결과적으로 극히 좋다고들 하고 있다.

각 재배기를 통하여 짚과 비닐을 병용(併用)해 나간다면 땅 온도를 자유롭게 조절할 수가 있으며, 비닐 멀칭의 필요가 없어지게 되면 비닐을 걷어 내고 짚을 깔아 줘도 된다.

⑥ **호르몬제의 사용** 온실 및 비닐 재배인 경우에는 저온기에 정식하므로 볕쪼임 부족 등으로 초기에 개화한 화방은 정받이가 잘 되지 않으며, 낙화 및 꽈리 모양 과실이 생기게 되어 자람이 극히 나쁜 것이 생산된다.

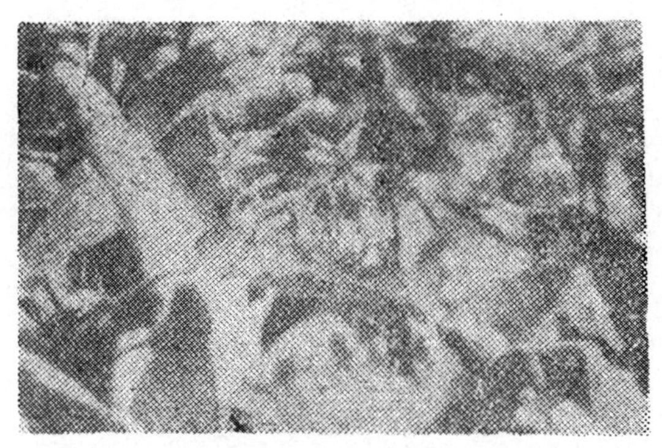

〈그림 2-11 호르몬제 사용법〉

그러므로, 조기의 불량 환경 아래서의 소출을 높이기 위하여 호르몬제를 사용하게 된다. 토마토에는 토마토톤이 일반적으로 보급되고 있지만, 토마토픽스도 같은 효과가 있다.

또 논의 제초제(除草劑)인 2,4-D도 효과가 있지만 여간 잘 사용하지 않으면 약해를 일으키는 수가 많다.

농도는 토마토톤이나 토마토픽스는 50~100배로 묽게 한 것이 좋으며, 2,4-D인 때는 30~50만 배까지 묽게 하여 사용한다.

살포 시기는 개화 중 매일 또는 2~3일만에 각 화방이 2~3개의 꽃이 피었을 때가 좋으며, 너무 일찍 뿌려 줘도 과실이 고르지 않게 되고, 또 이보다 늦어져도 낙화

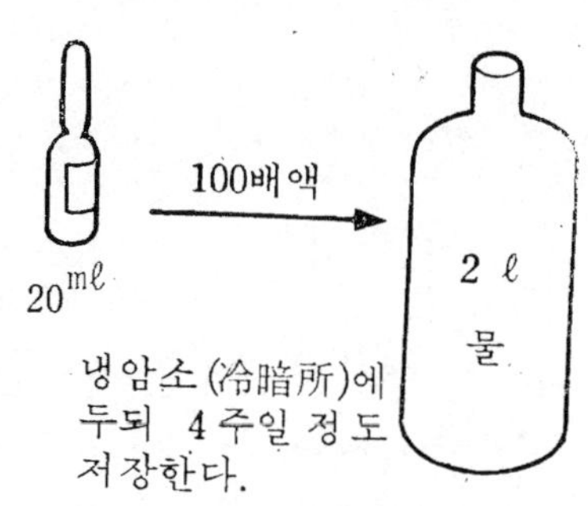

〈그림 2-12 토마토톤의 희석 요령〉

(落花)가 많아진다.

　살포 회수는 1회로서 충분하며, 여러 번 뿌려 주게 되면 기형과(畸型果)가 많아지고 약해(藥害)가 생기는 수도 있다.

　살포하는 방법은 약액을 만들어 두고서 그 액 속에 화방(花房)을 담그는 경우, 분무기로써 화방 전체에 뿌려 주는 경우, 붓이나 솜으로써 꽃에 발라 주는 경우 등 여러 가지가 있지만 가장 좋은 방법은 분무기(안개가 끼이는 것처럼 아주 미세하게 나오는 것)를 사용하는 것이다.

　호르몬을 살포할 때에는 잎 줄기나 생장점에 뿌리면 약해를 입는 수가 있으므로 화방에만 뿌려주도록 한다.

　⑦ 보온(保溫)과 가온(加溫)　일찍 내거나 늦내기를 하려면 적온(適溫)에서 키운 모종을 바깥 온도로부터 독립된 유리실이나 비닐하우스, 페이퍼하우스 및 그 밖의 방법으로 보온하며, 더하여 실내를 따뜻하게 해 줘야 한다. 현재 이와 같은 보온 수단으로서 겨울이나 초봄 또는 가을 날에 가꾸는 것은 주로 유리실이나 비닐하우스 이용인데, 실의 크기 및 구조에 따라서 보온의 정도는 다르지만 상당한 보온 효과가 있다. 극히 따뜻한 지방에서는 가온하지 않고 가을 늦게까지 계속 기둘 수 있으며, 이른 봄 일찍 심기의 촉성도 가능하다.

　여하튼 될 수 있는 대로 적온(適溫)에서 키우기 위해서 낮 동안 온도가 높을 때 환기(換氣)를 해 줄 것이며, 추울 때는 일찍 덮어 주어서 갑자기 저온으로 되지 않게 주의한다. 때로는 초기에 2단식 터널을 하우스 안에 설치하여 어느 정도 바깥 기온이 오를 때까지 두도록 하며, 다시 밤에는 거적 따위를 덮어서 보온에 힘쓴다.

　토마토는 거의 태양열에 의한 냉상 재배를 하고 있지만 1〜2월에 낼 것은 가온 재배를 하지 않으면 무리가 따르게 **된다.**

가온의 방법에는 연탄, 석탄, 오일 따위에 의한 난방과 전열의 이용이 있으나, 장기간 가온하여 가꿀 때는 경제적으로 유리한 방법을 취하지 않으면 안되므로 재배 전후의 단기간의 가온에 의하고 그 외에는 자연 온도를 이용하는 식의 재배형을 취할 것이다.

⑧ 중경 제초(中耕除草) 풀매기는 자라는 도중 적절히 행하면 되나, 대개는 웃거름주기와 함께 해주고 중갈이(中耕)와 흙올림을 하도록 한다. 토마토는 뿌리가 깊게 뻗으므로 깊이 중갈이하도록 한다. 또 줄기에서 부정근(不定根)을 내기 쉬우므로 흙올림해 주면 땅속에 들어간 줄기 부분에서 세력이 좋은 새 뿌리가 발생하여 자람이 촉진된다.

⑨ 물주기(灌水) 토마토는 심근성(深根性)이므로 비교적 건조에 견디는 작물이기는 하지만 그래도 수분이 있는 편이 생육에 좋으며, 거기에 따라서 소출도 많아지므로 물주기를 할 수 있는 곳에서는 적당히 물을 주도록 한다. 다소 지대가 높은 밭에서는 물거름을 자라는 도중에 주고, 짚을 두껍게 깔아서 물기의 증산을 막는 것이 좋다.

물주기는 한낮을 피하여 이랑사이에 충분히 주도록 한다. 즉, 물주는 회수는 적더라도 1회의 양을 많이 주어 땅속까지 스며 들도록 한다.

⑩ 낙화(落花)와 공동과(空胴果)의 대책

가. 낙화(落花) 촉성 및 반촉성 재배를 할 때 특히 초기의 제 1 화방에서 제 2 화방에 걸쳐서 낙화가 심하게 일어나서 꽃이 전혀 붙지 않고 떨어져 버리는 경우가 많다. 그런데, 조기 출하를 목적으로 할 때는 이 1~2화방이 소출 및 수입면으로 봐서 극히 중요하므로 낙화는 문제가 되는 것이다.

또 억제 재배의 초기 화방 및 조숙 재배의 상단 화방에서도

낙화가 많으며, 특히 억제 재배에 있어서는 후기의 소출에 목
표를 두는 것이므로 무시할 수 없는 문제이다 .

　낙화의 원인은 직접으로는 개화 당일의　수분(受粉)과　수정
(受精)이 영향하며, 간접
으로는 식물체의 영양 상
태에 있다. 특히 초기의
과실은 육묘에 있어서의
영양의 보급이 중요한 문
제가 되므로 먼저 육묘를
잘 할 것이 중요하다. 다
음에 정식할 때 식상이

〈표 2-5　야간의 저온과 토마토의 낙화〉

구	낙화율 (%)		
	제 1 화방	제 2 화방	제 3 화방
표　　준	9.1	6.7	19.6
야간10도	3.8	0	0
야간 5도	11.5	0	0

(※ 표준구의　야간 온도 13도)

일어나게 하는 것도 이 시기에 해당하는 꽃의　자람이 불규칙
하게 되어 정상적으로 꽃이 피었다 해도 수정(受精)이　되지
않아서 낙화되는 일도 생기며, 큰 모종에서 식상이 생기게 되
면　2～3화방까지　낙화되는
일이 있다.

　중단(中段)　화방의　낙화

〈표 2-6　온도와 싹틈률〉

온　도	싹틈률	온　도	싹틈률
도	%	도	%
25.0	58.6	35.0	18.3
27.5	52.3	37.5	0
30.0	56.6	40.0	0
32.5	43.1		

는 거름 부족 및 잎 면적 부족에 의
하여 많아지는 수도 있지만, 조숙
재배의　상단(上段)　화방 및 억제
재배의 초기 꽃의　낙화는 고온에
의하는 일이 많다.　과도한 고온은
꽃가루 수정 불능 장해(受精不能障
害)에 직접 영향도 크며,　따라서

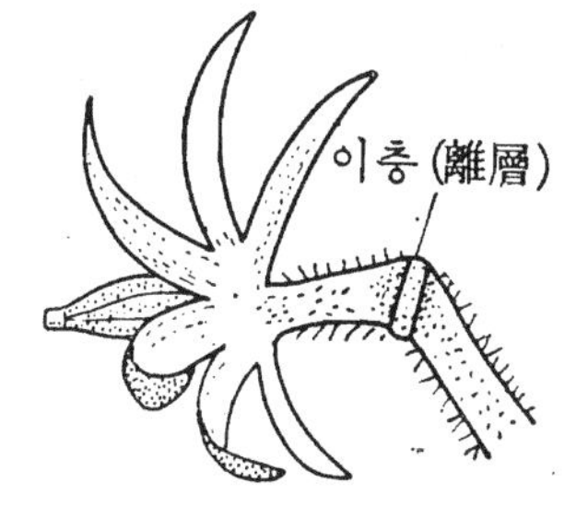

이층(離層)은 꽃봉오리가 1
～2mm 정도일 때 형성되
어 수부(髓部)까지 이르고
있다.

〈그림 2-13　소화(小花)와
이층 조직(離層組織)〉

식물체의 영양 상태는 극히 불량하게 되어 낙화를 일으키는 원인으로 된다. 또 고온기를 경과하는 재배에 있어서는 건조가 따르게 되므로 한층 더 낙화하는 율이 많다.

이밖에도 환기 불량, 일조(日照) 부족, 광도(光度)의 변화에도 영향을 받는다.

〈표 2-7 땅의 수분과 낙화율〉

	제 1 화방		제 2 화방		제 3 화방	
	착화수	낙화율	착화수	낙화율	착화수	낙화율
		%		%		%
표 준 구	5.2	7.6	7.4	27.0	6.6	42.0
습 윤 구	7.0	11.0	5.8	9.4	8.8	43.0
건 조 구	3.8	63.0	3.4	100.0	1.0	100.0

〈표 2-8 광도(光度)의 감소와 토마토의 낙화율〉

	광도 100%구	75%구	50%구	25%구	15%구	노지구
제 1 화방	10.8	30.2	38.9	93.3	73.5	15.0
제 2 화방	11.7	45.5	68.2	74.9	100.0	21.6
제 3 화방	23.1	38.7	81.8	91.6	100.0	22.2
평 균	15.2	38.6	62.9	77.8	100.0	19.4

ㄴ. 기형과(畸型果) 촉성 및 반촉성의 토마토에 있어서 조기 출하를 목표로 하였을 때 1~2화방이 전혀 결과되지 않든가, 혹은 기형과가 극히 많이 나오는 수가 있다.

이 원인에 대해서는 육묘 중의 환경 조건에 의한 것도 있지만, 거의가 정식 후의 조건에 의하여 나타나는 현상이다. 터널 및 하우스의 환기가 좋고 나쁜 경우이든가, 호르몬의 농도 회수, 거름 따위가 영향하고 있다.

특히 비닐 재배의 경우에는 보통 3~4월의 한낮에 밀폐해 두면 낮에는 섭씨 40도 이상의 과도한 고온이 되고, 밤에는 노지에 비하여 2~3도 높은 저온이므로 가장 중요한 꽃의 착생이 고르지 않게 되고, 모처럼 피게 된 꽃도 수정을 하지 못하여 결과되지 않는 때도 생긴다.

이와 같은 환경 아래서 결실을 완전하게 하도록 하기 위해서 호르몬제가 사용되고 있지만, 처리 방법에 잘못이 생기게 되면 피이만 꼴의 주름 투성이의 과실이 되든가, 꼭지가 뾰족한 것, 파리 꼴로 된 것 등만 생산되는 수도 있다.

살포한 호르몬의 농도가 높든가, 혹은 많은 양을 뿌려 준다든가, 환기 불량이 겹하여 낮 동안의 고온 장해가 이들 기형과 생성을 조장(助長)하고 있는 때가 많다.

그리고 호르몬을 살포하지 않았어도 환기가 좋지 않았을 때에 기형과가 많이 생김을 봐서도 환기에 주의할 것이 기형과 생성을 방지하는 데에 극히 중요함을 알 수 있다. 일반으로 기형과는 보통 재배와 억제 재배에시는 적다.

5. 병충해 방제(病蟲害防除)

(1) 병해(病害)의 방제

① **잎곰팡이병**(葉黴病)　주로 잎에 발병한다. 옛 날에는 온실에서만 발생하고 노지에서는 거의 볼 수 없었던 것인데, 최근에는 노지와 조숙 및 억제 재배에까지 발병하게 되었다. 특히 비닐 이용의 반촉성 재배에 많이 발생하여 피해가 크다.

병은 주로 잎 뒷면의 숨구멍에서 침입하며, 꽤 저온인 때도 비나 흐린 날이 계속되는 음습(陰濕)한 때에 발생한다. 어린 모종 때보다 결과기가 되어서 많아진다. 동화 작용이 쇠퇴되므로 과실이 잘 굵어지지 않아서 감수(減收)하게 된다.

가. 증 상 처음 잎 뒷면에 담갈색의 병반을 만들고, 진행하여 암갈색의 타원형이나 부정형(不整形)의 반점(斑點)으로 되며 회색의 곰팡이가 덮인다. 병반부와 건전부와의 경계는 꽤 뚜렷하며, 아랫쪽의 오래된 잎부터 차차로 발병하는데, 때로는 자람점(生長點)에도 발생하는 수가 있으며, 최후에는 적갈색으로 되어 말라버린다. 전염력이 급격(急激)하다.

나. 방 제

○ 모를 튼튼하게 키운다.

○ 비닐 하우스나 터널에서는 다습(多濕)해지지 않도록 한다.

○ 환기(換氣)를 잘 해준다.

○ 발병 즉시 마네브제 다이젠 M, 트라이진 400배액을 살포한다.

② 겹둥근무늬병(輪紋病) 보통 6월 중~하순경부터 시작하여 차츰 고온으로 될 때에 발생이 많아진다.

가. 증 상 대개 아랫잎에 발생하지만 차츰 윗잎에까지 이르게 된다. 병반은 처음에 암갈색의 작은 무늬를 만들지만 차츰 커져서 원형에서 타원형의 다소 함입(凹)된 동심 둥근 무늬(同心輪紋)가 되며, 뒤에는 찢어져서 구멍이 생긴다.

나. 방 제

○ 연작(連作)을 피하고 윤작(輪作)을 실시한다.

○ 감자에 많이 발병하므로 감자밭 부근을 피하여 재배한다.

○ 예방으로 4-2식 보르도액, 다이젠 등을 살포한다.

③ 역병(疫病) 봄부터 11월 상순까지의 비가 많고 섭씨 20도가량의 극히 습도가 높은 시기에 많이 발생한다. 한여름의 고온 때 및 겨울철의 발병은 적다. 토마토에서는 처음 감자에 발생한 것이 전염하여 발병하는 경우가 많다.

가. 증 상 병징은 처음에 잎이나 줄기에 나타나며, 그 다음에는 과실에도 발생한다. 잎에는 원형에다 암녹(暗綠)색의 커다란 병반을 만들며, 잎 뒷면에는 서릿발과 같은 연한 털모양 곰팡이가 난다. 줄기에는 검은색 수침상(水浸狀)의 무늬점이 나타나고 조직을 썩게 한

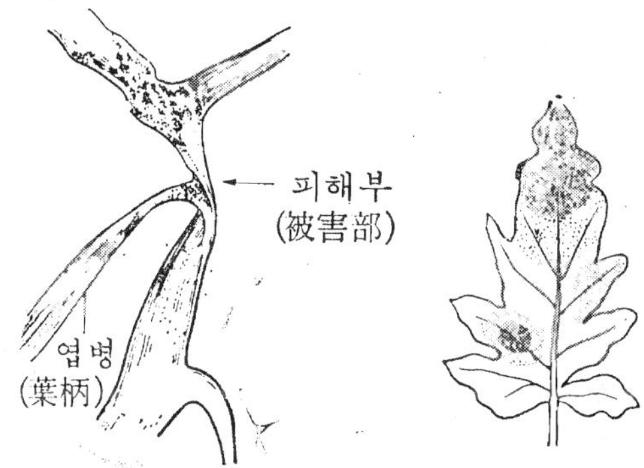

〈그림 2-14 역병의 피해 줄기와 잎〉

다. 과실은 미숙과(未熟果)에 발생이 많으며, 과면에는 회색의 凹凸이 생기므로 판매할 수 없게 된다. 특히 병의 발생이 급격하므로 주의를 요한다.

나. 방 제

○ 감자밭이 부근에 있으면 그 곳의 역병을 먼저 막아준다.

○ 환기를 잘 해준다.

○ 광선을 잘 쬐게 하여 건전한 생육을 시킨다.

○ 4-2식 보르도액을 아랫잎 뒷면부터 살포한다.

④ 배꼽썩음병(尻腐病) 생리적 장해에 의하는 것으로, 한여름에 맑은 날이 계속되어 땅속의 수분이 모자랄 때에 발생한다. 석회 부족이나 기타 거름 성분의 농도가 진할 때에도 생기기 쉽다.

가. 증 상 과실이 엄지손가락 크기로 자랐을 때부터 발생한다. 특히 어린 과실의 꽃떨어진 부분에 발병하며, 암녹(暗綠)색의 부분이 과실의 비대와 함께 함입(凹)하여 검게 변하지만 과실 전체가 썩는 일은 없으며, 그 밖에는 착색되어 퍼지지 않는다. 단 습도가 높은 때에는 여러 가지의 2 차적인

곰팡이가 기생하여 퍼진다.

나. 방 제

○ 가래흙(耕土)이 깊은 비옥한 땅에 외양간 두엄, 석회 등을 많이 준다.

○ 물주기에 힘쓰며, 보수력이 증진되도록 노력한다.

⑤ 탄저병(炭疽病) 주로 익은 과실에 발생하며, 열과(裂果)나 일소(日燒) 등에 의하여 상처로부터 침입한다.

가. 증 상 처음에는 작고 투명한 반점이 생겨서 차츰 퍼지고, 검게 함입(凹)된 둥근 무늬로 된다. 과육(果肉)의 내부까지 깊게 파고 들어가며, 나중에는 병반부에서 붉은 색의 끈끈한 물질을 분비한다.

나. 방 제

○ 병과(病果)는 모아서 땅속 깊이 묻어버린다.

○ 석회 보르도액을 살포한다.

⑥ 열매썩음병(實腐病) 잎이나 줄기에도 생기나 주로 성숙과(成熟果)에 발생한다. 음습(陰濕)하고 비가 많을 때에 발생이 심하다. 과실에는 상처나 열과부(裂果部)에서 침입한다.

가. 증 상 처음에는 수침상(水浸狀)은 작은 병반이 생기지만 나중에 퍼져서 검은 색 무늬로 되고 凹부에 작은 흑점(黑點)이 밀생하여 썩는다. 과실의 내부까지 병세가 이르지만 무르게(軟化) 되지는 않는다. 저장 중이나 수송 중에 발생하는 수도 있다.

나. 방 제

○ 약제 살포를 실시함과 동시에 밭에는 조기에 짚을 깔아 둔다.

⑦ 비루스병 최근 이 비루스병은 거의 대부분의 작물을 침범하여 급격히 퍼진 병의 하나이다. 토마토의 경우에는 담배 모

자이크 비루스와 오이 모자이크 비루스의 양편에 의하여 옮겨진다. 담배 모자이크 비루스는 끽연자(喫煙者)가 병에 걸린 담배를 피우고서 관리한 경우에 옮아지며, 오이 모자이크 비루스는 진딧물 따위가 매개한다. 그밖에도 병포기의 접촉, 유인, 눈따기 등 관리와 거둘 때에 사람이 전염되게 하는 경우도 많다.

가. 증 상 처음에는 새잎의 잎맥이 그물처럼 비춰 보이다가 가장자리가 수축한다. 이후에 나오는 새잎이 계속 작아지고 황색으로 변한다. 그리고 줄기의 성장도 둔화되며, 심하면 과실이 굵어지지 않고 자람이 정지되어 나중에는 수확이 전혀 없게 된다.

나. 방 제

○ 생육 기간이 긴 재배에서는 두엄 등 유기질 거름을 많이 주어 튼튼하게 키운다.

○ 병에 걸린 포기는 뽑아서 없앤다.

○ 전염원이 되는 작물을 주의하여야 하고 재배지 부근을 깨끗이 한다.

○ 진딧물의 구제를 철저히 한다.

⑧ 풋마름병(青枯病) 이 병은 땅온도가 25도 이상으로 되어서부터 발생한다. 평탄지의 조숙 재배나 억제 재배에서는 급격

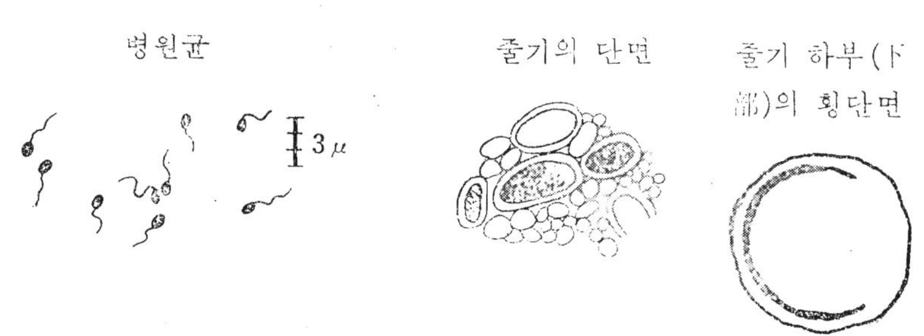

〈그림 2-15 풋마름병의 병원균과 증상〉

히 퍼지고, 발생이 격심하므로 치명적이다. 병균은 흙속에서
겨울을 나며, 기생 작물도 많고 생존 기간이 길다. 뿌리의 땅
에 접한 부분이나 뿌리 상처에서 병균이 침입하여 줄기의 물
관 속으로 이동하여 발병한다.

가. 증 상 처음에는 잎의 끝이 시들고 차츰 아래 잎까지
시들어 수일 안에 누렇게 변하여 나중에는 말라 죽어버린다.

나. 방 제

○ 병균이 없고 물빠짐이 좋으며 가래흙이 깊은 장소에서 재
배한다.

○ 관리할 때 뿌리를 상하지 않도록 한다.

○ 토양 전염이므로 적어도 4~5년간 윤작을 한다.

⑨ **시들음병**(萎凋病) 풋마름병보다 저온에서 발생하므로 발병
이 빠르며, 또 가을 늦게까지 이 병이 나타난다. 어떤 재배형
에서나 모두 발생하는 점은 좀 귀찮은 편이다.

가. 증 상 풋마름병과 비슷하나 맹렬히 발하는 일은 없으
며, 발병이 완만하다. 아랫잎부
터 누렇게 변하며, 포기의 한쪽
편 잎만 시든다. 차츰 윗쪽으로
가며 새싹도 시들게 되어 포기
전체에 퍼져서 갈색으로 변하여
말라 죽는다. 피해 줄기는 직립
(直立)한다.

나. 방 제

○ 씨앗 소독을 반드시 실시한다.

○ 모판 흙은 미리 클로로피크
린 등으로 소독해 둔다.

○ 가지고르기(整地) 전에 석회

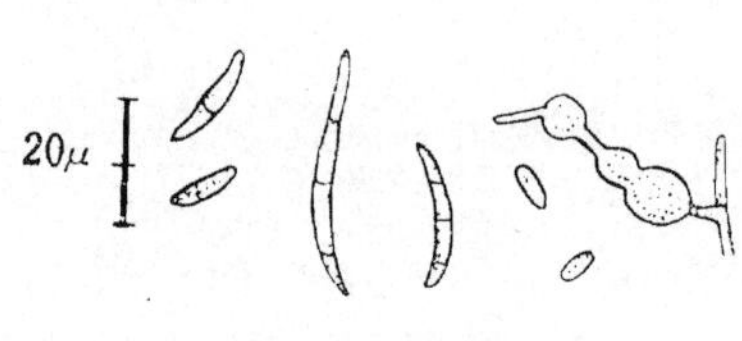

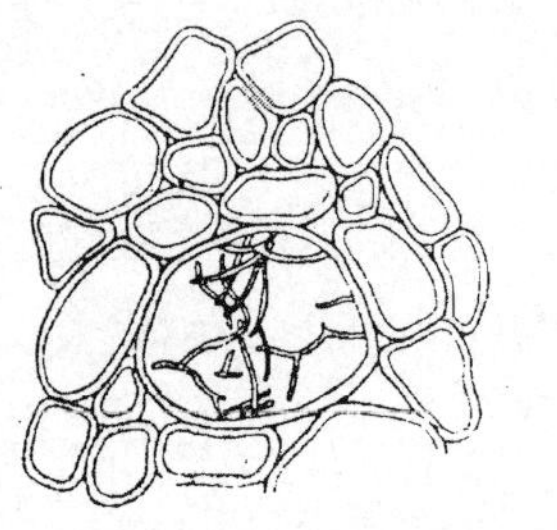

<그림 2-16 시들음병의
병원균과 증상>

틀 10a 당 113kg 정도 뿌려서 땅을 중성으로 해 둔다.

○ 윤작을 하고 물빠짐을 잘 되게 한다.

(2) 충해(蟲害)의 방제

토마토에 해충의 피해는 비교적 적은 편이다. 그러나 진딧물, 야도충(夜盜虫)은 주의하여야 한다. 진딧물은 비루스병을 매개하므로 메타시스독스, 피리모 등으로 구제하면 좋은 효과를 볼 수 있다.

야도충은 지면에 가까운 줄기를 갉아먹고 땅속에서도 피해를 주므로 다이아지논입제(粒劑)로 구제하도록 한다.

6. 수확(收穫)과 출하(出荷)

(1) 수확(收穫)

토마토는 재배형과 품종에 따라 차이는 있으나 대략 개화후 40~50일이 지나면 수확할 수 있다. 성숙기가 되어 착색하게 되면 과육(果肉) 안의 산(酸)이 감소되고 당분이 많아진다.

숙기(熟期)에 이른 과실은 각 화방의 소과경(小果梗)을 될 수 있는대로 과실쪽으로 바짝 잘라 주어야 상자에 담았을 때 다른 과실을 찔러 상품 가치를 떨어뜨리는 일이 없다.

수확은 이른 아침 해뜨기 전에 행하도록 한다. 완숙하지 않은 과실은 수확 후 섭씨 24도 가량의 온도에 두면 리코빈 색소가 잘 나타나서 착색된다.

(2) 출하(出荷)

거둔 과실은 여러 가지 방법에 의하여 출하하고 있지만 비닐 반촉성이나 억제 재배의 새로운 지대에서는 선과장(選果場)에다 운반하여 크기와 품질을 고르게 하여 3.75~7.50kg을

1 상자에 넣는다. 규격을 통일한 공동 선과(選果)와 공동출하
로서 성과를 올릴 수 있으나, 시장이 가까운 지대에서는 비교
적 간단한 광주리를 이용하되 밑바닥에는 보릿짚 또는 볏짚을
깔고서 15~19kg 가량을 한꺼번에 간단히 출하할 수 있도록
한다.

7. 여러 가지 재배형(栽培型)

토마토의 각 재배형의 파종기, 정식기, 수확기를 표시하면
〈그림 2-17〉과 같다.

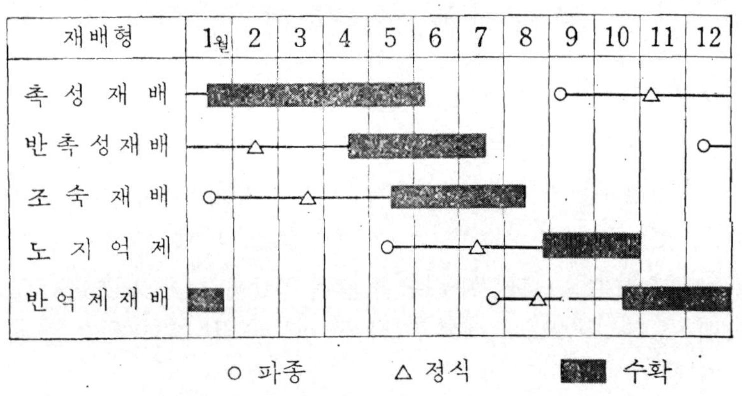

〈그림 2-17 토마토의 재배형〉

(1) 촉성 재배(促成栽培)

1~5월에 걸쳐서 거두는 촉성 재배 토마토는 단가(單價)도
높고 소비도 그만큼 일반적이 못되므로 비교적 과실이 작아도
지장이 없다. 대체로 150~200g쯤이면 괜찮다. 그러나 하우스
재배의 봄짓기에서는 고급품으로서 과실이 크고 질이 좋아야
한다.

① **가온**(加溫) **촉성 재배**　가온 재배는 자재와 기술만 충분하면 어떤 곳에서나 가꿀 수 있다. 그러나 출하 경비가 많이 드는 수송 원예 지대에서 이 재배가 경제적으로 성립되도록 하자면 될 수 있는대로 생산비를 저하시키지 않으면 안된다.

　가. 재배 환경　겨울철(11~3월)의 기온이 높고, 비가 적게 오며 또 볕쪼임 시간 수가 많은 곳이 좋다. 토마토 촉성의 토양 조건은 논의 뒷그루로서 가꿀 수 있다. 논에 가꿈으로써 토양 전염성의 병이나 해충의 피해를 어느 정도 적게 할 수 있다.

　나. **품 종**　과실 색은 주홍색이나 도(桃)색이라도 좋지만 추울 때일수록 색이 진한 것이 요구된다. 그러므로 일반적으로 가을에서 겨울에 걸쳐서는 주홍색 계통의 품종이 많으며, 봄에 이르면 도색계를 많이 가꾸게 된다.

　촉성 재배를 하는 시기는 저온기(低溫期)이며 또한 볕쪼임이 약한 시기의 재배이므로 저온과 약한 볕쪼임 아래서도 열매가 잘 맺고 잘 착색되는 품종이 요구된다.

　토마토는 품종에 따라서 낮은 온도에 착색이 잘 되는 것과 되지 않는 것이 있으므로 품종을 고를 때는 주의하지 않으면 안 된다. 내병홍보석, 내병장수, 보관 2 호, 복수 2 호 등이 알맞다.

　다. 재배법

　(가) 육 묘　9 월 상~중순에 씨를 상자에 뿌린다. 씨뿌림 모판의 흙은 거름기가 적은 흙을 사용한다.

　씨뿌린 뒤 10일 쯤 되어 본잎 1 장이 나오기 시작하면 제 1 회의 이식을 6×9cm 간격으로 한다. 그 뒤 15일 쯤 지나서 본잎 2~3장 때에 제 2 회 이식을 12×13.5cm 간격으로 하며, 제 3 회 이식은 냉상(冷床)을 짜서 여기에 24×24cm 간격으로 행한다. 또 장지를 덮고, 밤에는 보온용 거적을 덮어준다.

냉상의 구조는 외지붕식의 플레임으로서 동서로 길게 설치하여 폭 120cm, 길이는 적절히 하면 된다.

(나) 정 식 11월 초순경 제 1 화방의 꽃이 피었을 때에 정식한다. 정식 거리는 하우스의 베드에 포기사이는 양측 36cm, 중앙 42cm로 하여 두 줄로 어긋나게 심는다. 3.3m²당 9 포기 가량으로 된다. 가온 재배에서는 잎 줄기가 너무 크게 자라지 않도록 하고, 볕쪼임이 적은 때이므로 광선 부족을 일으키지 않도록 할 것이 필요하다.

(다) 시비(施肥) 퇴비를 많이 주고, 다른 거름을 가감해 간다. 정식 예정지는 충분히 갈아 일구어서 땅을 고르고, 밑거름은 정식 1개월 가량 전에 퇴비와 섞어서 준다. 만약 건조하면 물을 담뿍 주어서 충분히 썩게 해 둘 것이 중요하다. 깻묵은 웃거름으로서 사용할 때는 사용하기 15~30일 전에 물통 따위에서 썩혀 둔 것을 물거름으로서 주도록 한다.

〈표 2-9 가온 촉성 재배 시비량의 예〉(10a당/단위 kg)

| 비료종류 | 총 량 | 기 비 | 추 비 | | | 3요소량 |
			1회	2회	3회	
퇴 비	3,000	3,000	—	—	—	질소 : 33.45
유 박	112.5	112.5	—	—	—	인산 : 26.81
유 안	75	37.5	11.25	15.0	11.25	칼리 : 32.81
과 석	112.5	75	—	18.75	18.75	
황산칼리	37.5	18.75	—	9.38	9.38	

(라) 일반 관리

㉮ 가온(加溫) 가온 기간은 12월 상순~3월 20일경이 된다. 맑은 날에는 될 수 있는 한 늦게(5시 경) 거적을 덮어 햇볕을

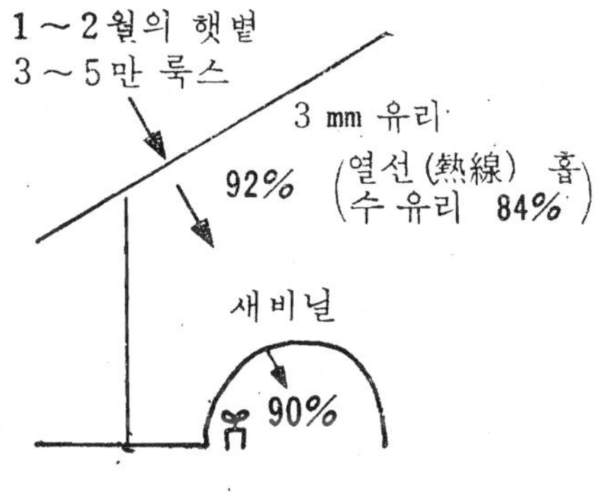

〈그림 2-18 광선 투과율〉

많이 받도록 한다. 거적덮기가 끝나면 7시경부터 가온하기 시작하여 해가 뜰 무렵에 온도가 내릴 정도로 불을 땐다. 〈그림 2-19〉는 현대적 시설의 온도 관리이므로 재배상 많은 참고가 될 것이다.

개화기와 착과기에는 충분히 적온(適溫)을 주어서 결과를 좋게 하며, 성숙기에는 가온의 정도를 가감하여 기온을 맞추어 줌으로써 어느 정도까지 출하 시기를 가감할 수가 있다. 그러므로 시장의 단가가 오르면 충분히 착색되도록 가온하여 실온을 올리고 성숙을 빠르게 한다.

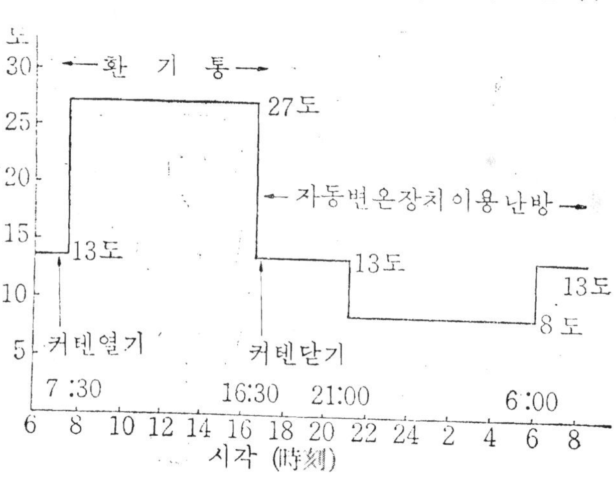

〈그림 2-19 하우스 토마토의 온도 관리 목표〉

㉰ **환기(換氣)** 특히 야간의 다습(多濕)은 병해의 발생을 많게 하므로 맑은 날에는 낮동안에 충분히 환기하여 실내의 습도가 높지 않도록 해 둔다. 또 비가 오는 날에는 환기를 해 줄 필요는 없으나 물주기의 양을 가감하며, 또 환기통으로 찬 비가 들지 않도록 주의한다. 또 바람의 방향을 잘 살펴서 찬

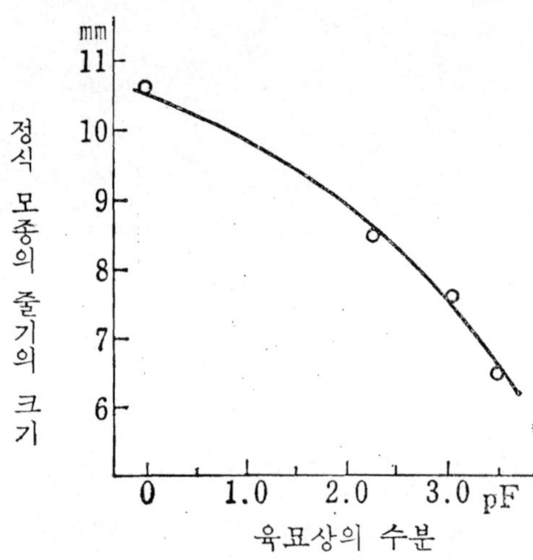

〈그림 2-20 육묘상의 수분(pF)과 줄기의 크기의 관계〉

바람이 직접 들지 않도록 창의 위치와 여는 정도에 주의한다.

㉺ 기타의 관리 열매가 잘 맺고 모양이 고른 과실을 많이 거두기 위하여 인공 수정을 해준다. 토마토톤을 사용할 때는 1개의 화방에 꽃이 3~4개 피었을 때와, 또 4~5일 지나서 나머지의 꽃에 100~150배액을 오후에 뿌려 주도록 한다.

라. 수 확 복수 2 호 등은 1월 하순부터 거두기 시작한다. 미숙한 과실은 거두지 않도록 주의한다. 수확은 이른 아침 해뜨기 전에 실시한다.

② 무가온(無加溫) 촉성 재배 최근 비닐 따위를 충분히 활용한 새로운 산지가 각지에서 발전되고 있다.

가. 품 종 저온에서도 잘 착과되는 적(赤)색의 교배 12호를 사용하고 있었지만, 이 품종은 과실 모양이 작고 품질도 좋지 않으므로 최근에는 복수 2 호가 대신 재배된다. 그리고 2, 4-D, 토마토톤 따위를 이용하여 착과 비대시키고 있으나 별로 큰 성과는 없다.

나. 재배법

(가) 정 식 실폭(室幅) 240cm인 경우, 중앙의 고랑을 낀 양쪽 이랑에 포기사이 18cm 가량으로 한 줄 심기를 한다.

(나) 시 비 12월 하순까지 갈아 일구어서 10a당 석회 113

kg, 석회질소 56kg을 모판 전면에 준다. 그후 1월 초순 경에 두엄, 깻묵, 기타 칼리거름을 전면에 주고 웃거름을 보충해 줄 것도 잊어서는 안된다.

(다) 일반 관리　하우스의 온도 변화는 꽤 심하다. 맑은 낮에 밀폐해 두면 섭씨 40도를 넘고, 밤에는 10도 이하가 될 때도 있다. 그러므로 환기와 보온은 특히 주의하여야 한다. 기온은 낮동안 25~27도, 밤은 10~15도를 목표로 하여 온도를 관리한다.

특히 모판 안은 절대 과습하지 않도록 통기와 환기를 행하여 튼튼하게 기르도록 해야 한다. 4월에 들면 밤에는 거적을 옆으로만 덮어 줄 정도면 되고 낮에는 장지를 벗겨서 특히 바깥 온도에 단련시키도록 한다.

다. 수 확　4월 초순부터 거두기 시작한다. 수확(收穫)의 적기는 시기 및 출하할 곳에 따라서 다르지만, 초기에는 익었을 정도, 6월에는 꽃 떨어진 부근에 색이 조금 나타난 것을 거두도록 한다.

(2) 비닐 반촉성 재배(半促成栽培)

촉성품에 이어서 4~7월 중순 경에 걸쳐서 거두는 것이다.

토마토 가꾸기에 비닐을 사용하는 목적은 작물이 자라는 데에 알맞은 온도 조건을 만들어 주기 위해서이다. 즉, 터널이나 하우스 재배는 심고 난 뒤에도 일정 기간 온도 및 수분을 인공적으로 조절하여 작물의 자람에 적합한 계절을 인공적으로 만들어 줌으로써 일찍 정식하고, 일찍 출하하려는 것이 커다란 목표이다.

① 품종(品種)　비닐 반촉성으로 재배를 해서 수확할 시기가 되면 과실은 도색인 편이 시장 가치가 높으며, 크기는 중~소

로 150~250g 쯤의 것이 좋다. 촉성 재배와 같이 저온으로 볕쪼임이 약한 곳에서도 잘 착색되는 것으로, 밀식에 견딜 수 있고 병에 견딜 힘이 강한 품종이 요구된다.

그러나 이와 같은 요구에 들어 맞는 품종은 아직 완전히 육성되지 않고 있으나, 현재의 품종 중에서는 복수(福壽) 2 호 등이 비교적 가꾸기 쉽고 또 시장성도 높은 품종이다. 품종은 대개 촉성 재배 때와 유사하다.

② 재배법(栽培法)

가. 육 묘 파종 시기를 결정하자면 먼저 육묘 일수가 문제된다. 대개 육묘 일수는 70~80일 가량의 큰 모종으로 키우는 편이 그 결과가 좋은 것 같다.

정식기는 먼저 하우스 및 터널의 크기, 보온, 가온 자재 따위에 의하여 정할 것이며, 다시 육묘 일수 만큼 역산하여 파종하면 되는 것이다. 파종은 전체 재배 계획을 확실히 세운 뒤에 할 것이 중요하다.

반촉성 토마토의 육묘 시기는 지금까지의 조숙 재배에 비하여 1개월 정도 빠르므로 육묘 기간은 저온, 단일, 약한 광선의 시기가 된다.

온도에 대해서는 양열물 밟아넣기, 전열 또는 양자의 병용에 의하여 인공적으로 어느 정도 조절할 수 있으나 광선에 대해서는 아직까지 인공적으로 보충해 줄 수가 없으므로 자연 광선을 될 수 있는대로 잘 이용하지 않으면 안된다.

즉, 비닐은 될 수 있으면 새 것(광선 투과율이 좋은 것)을 고르고, 헌 비닐이면 잘 씻어서 사용한다.

아침 저녁의 거적덮기는 야간의 보온에는 대단히 좋으나 지나치게 많이 덮어 주면 도리어 해롭다. 흐린 날에도 거적을 벗겨서 조금이라도 광선을 쬐어 주도록 노력해야 한다.

　하우스 및 터널용의 큰 모종으로 되면 토마토는 4~5단의 꽃을 가지는 것이 보통이지만, 이렇게 큰 모종은 식상에 대해서 대단히 민감하다. 식상을 적게 하려면 정식 때에 될 수 있는 한 뿌리를 다치지 않도록 해야 한다.　그러기 위해서는 큰 모종으로 키우는 때는 최후의 이식을 분에다 하여, 이것을 정식하면 뿌리잘리기(斷根)가 적어서 활착이 잘 된다.

　분은 보통 흔히 쓰는 흙화분, 짚, 비닐 따위가 이용되나, 종이 분의 사용도 참으로 이상적이다. 헌 신문지를 쓰면 되므로 자재비가 적게 들고, 또 짚분에 비하여 제작 노력도 훨씬 덜 들므로 이용 가치가 높다. 토마토의 최후 이식용 분은 직경 12cm 정도의 것을 쓰면 좋다.

　　나. 정 식　볕쪼임, 공기 유통, 센 바람을 막을 수 있는 방풍벽이 있는 밭을 선정하는 것이 좋다.　또 물빠짐이 좋은 비옥한 땅으로서 물의 이용이 좋고, 주택지에서 가까와서 관리에 편리해야 한다.

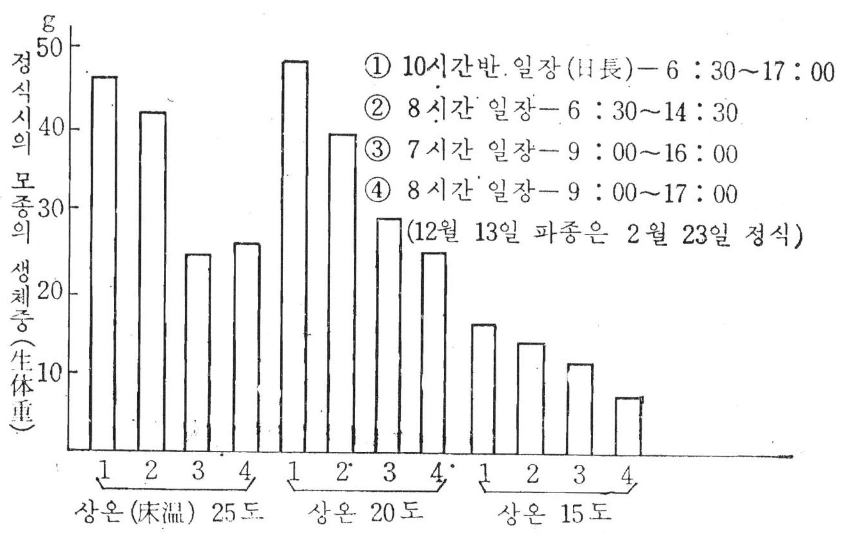

〈그림 2-21　하우스 상온(床温)과 모의 발육〉

정식 위치는 비닐 쪽에 너무 가까이 심으면 바깥 기온의 영향을 받기 쉽다. 될 수 있는 한 두 줄 심기를 하여 포기 밑둥에 충분히 광선이 쬐일 수 있도록 심어 준다.

비닐을 걷어서 재배하는 때는 그 밭의 전면적에 대해서, 또 전기간 하우스 안 재배인 때는 하우스의 실제 면적 당 환산으로서, 이랑폭 80~90cm, 포기사이 35~45cm 가량을 취하여 3.3m²당 10~12본 가량 심는 것이 무리가 없는 정식(定植) 본수일 것이라 생각된다.

정식은 맑고 따뜻하며, 바람이 없는 날을 골라서 한다. 이와 같은 날에 밀폐해 두면, 10시 경까지는 꽤 고온이 되므로 이 시간까지 기다려서 땅 온도를 높인 다음에 정식을 하도록 한다.

다. 시비(施肥) 밑거름은 될 수 있는 한 일찍, 정식 2~3 주일 전에 주면 좋다. 터널 및 하우스의 설치 장소가 정해지면 1~2월 경에 석회를 10a당 120~160kg 가량의 비율로서 살포하여 깊게 갈아 두도록 한다.

반촉성 재배에서는 꽤 밀식을 하게 되므로 거름주는 양도 많아야 한다.

또 정식 때는 땅 온도도 낮고 거름의 분배 흡수도 늦기 쉬우므로 대부분의 거름을 밑거름으로 주어 초기의 자람을 돕도록 할 것이다.

터널 안의 토마토 웃거름은 작업이 불편하므로, 될 수 있는 한 비닐을 걷어 낸 뒤에 웃거름을 주면 좋을 것이다.

웃거름의 위치는 밀식한데다가 실내인 만큼 지나치게 포기 가까이에 주면 거름 넣을 때에 뿌리를 자를 우려가 있으므로 포기에서 좀 떨어진 곳에 주도록 한다.

제 1회 웃거름은 활착한 뒤의 자람을 촉진하는 것인데, 물추기를 겸해서 포기 밑둥 둘레에 줄 정도이다. 제 2 회는 모판 양측에 얕게 고랑을 만들어서 주고 흙을 덮는다. 이 시기는 제 1 화방의 비대기 경이 좋으며, 소형 터널 바깥쪽에 주도록 한다. 제 3 회는 하우스 및 터널을 걷어버린 뒤에 통로 또는 바깥쪽에 포기밑둥에서 30~45cm쯤 떨어진 곳에 줘서 깊이 파 넣고 흙도 부드럽게 해 준다.

〈표 2-10　비닐 반촉성 재배 시비량의 예〉(10a당/단위 kg)

| 거름종류 | 총 량 | 기 비 | 추 비 | | | 3요소량 |
			1 회	2 회	3 회	
두　　　엄	3000	3000	—	—	—	질소 : 22.3
깻　　　묵	150	150	—	—	—	
유　　　안	67	13	19	16	19	인산 : 23.8
과린산석회	57	57	—	—	—	
용 성 인 비	57	57	—	—	—	칼리 : 30
염 화 칼 리	58	12	12	18	16	

라. 일반 관리

(가) 환 기　하우스의 터널을 밀폐해 두면 맑은 날에는 섭씨 40도 이상으로 되며, 또 습도도 80~100% 가까이 된다. 그러므로 비닐을 열어서 환기하여 온도를 조절함과 동시에 습도를 적게 해 준다.

토마토에 있어서는 낮 동안의 높은 온도는 특히 착과에 나쁜 영향을 미치므로 환기에는 충분히 조심하여야 한다. 또 기형과의 발생도 많아진다. 낮 동안의 온도는 대개 25도

〈표 2-11　환기와 토마토 착과율〉

| 착과율　　　환기상황 | 착 과 율 | |
	토마토본 100배	무살포
환 기 불 량	80. 60	65. 60
환 기 양 호	85. 52	83. 23

부근을 목표로 하여 10도 이하가 되지 않도록 한다.

소형 터널인 경우에는 비닐의 아랫쪽을 열어서 환기하는 이외에는 다른 방법이 없지만, 대형 터널이나 하우스인 때는 꼭지부 또는 양 어깨 부분을 열어 주면 비교적 완만하게 환기되므로 충분히 열어 줌으로써 직사 광선을 많이 줄 수가 있다.

측면 아랫쪽만을 환기하면 땅 표면 가까이의 환기는 좋지만 하우스 윗쪽의 환기가 돼지 않으며, 또 토마토나 땅 표면에 직접 찬 바람이 닿게 되므로 땅 온도가 내려가서 토마토의 순조로운 자람을 방해한다. 특히 재배 초기에는 이와같은 환기는 하지 않는 편이 좋다.

(나) 물주기 하우스 및 터널 안의 땅 수분은 밀폐해 두면 과히 증발하지 않지만 환기의 커짐에 따라서 일찍 건조하게 된다. 토마토의 어린 과실이 갈라진다던지, 배꼽썩음병(尻腐病)이 생긴다던지 하는 것은 가뭄에 의한 해이다.

물주기는 오전 중에 될 수 있는대로 따뜻하게 해서 주도록 한다. 1회의 양은 모종이 작을 때에는 소량씩 여러 번 주고, 모종이 클 때는 1회의 양을 많이 주고 회수를 줄인다.

③ **병충해 방제**(病蟲害防除)   잎곰팡이병, 시들음병, 풋마름병 등에 유의하여 방제하도록 한다.

(3) 조숙 재배(早熟栽培)

조숙 재배라 함은 온상에서 육묘하여 노지에 정식하는 것으로, 가장 일반적인 재배이다. 거두기는 5월 중순 경에서 시작하여 8월 중순 경에 끝난다.

되도록 일찍 거두는 편이 단가도 높고 전 소출도 많아진다.

① **품종**(品種)   조숙 재배에 있어서는 조생종도 중요하지만, 터널 재배가 일반화된 오늘날에 있어서는 무엇보다도 과실의

질이 좋고, 풍산이 아니면
안 되므로 품종도 이 목적
에 해당한 것이라야 한다.
　이 시기의 과실은 도색이
며, 비교적 큰(200~250g)
것이 좋다. 고온기에 거두
므로 생식용으로서는 과실
꼭지부에서부터 착색이 시
작되고 과경이 붙은 부근

〈그림 2-22 터널 조숙 재배〉

은 녹색을 띤 신선미를 가진 것이 환영되고 있다.

　조숙 재배 중에서도 일찍 내기를 주로 할 경우에는 복수 2 호
가 좋다. 숙기가 늦더라도 다수(多收)를 목표로 할 경우에는
율원, 영관, 3 월 세계일 따위가 적당하다. 집약 관리를 할
수 없을 때는 세계일 계통, 율원이 좋고, 저습지용으로서는
복수 2 호 따위가 좋다.

　그러나 어떤 재배를 하든지 간에 장마철을 경과하는 것이므
로 특히 역병(疫病)에 강한 품종을 선택하여야 한다.

　② 재배법(栽培法)

　　가. 육 묘　조숙 재배에 있어서도 큰 모종일수록 수확기가
빠르며 전소출도 많아지므로 유리하지만, 큰 모종일수록 육
묘비가 많이 든다. 또 정식 후의 환경이 좋지 않으면 안되므
로 반촉성 때만큼 큰 모종으로 할 필요는 없다.

　　(가) 정지(整地)　먼저 가을에는 예정 밭을 정하여 이랑 폭
에 따라서 사이짓기용의 보리를 뿌려 준다. 보리는 방풍 효과
뿐만 아니라 보온 효과도 크다. 토마토의 이랑넓이가 90cm인
경우에 보리는 90cm 간격이나 180cm 간격으로 한 이랑씩 뿌려
둔다.

다음에는 겨울 동안에 깊이 30cm 가량으로 깊게 갈아 준다. 다시 밑거름 고랑을 파두어도 좋다. 밑거름 고랑은 토마토의 이랑나비에 따라서 21×24cm 쯤 판다.

(나) 파 종 파종 시기는 정식기에서 역산하여 정한다. 무리가 없는 범위 안에서 일찍 정식하는 편이 좋으므로 정식기는 보통 3월 하순경이 된다. 따라서 이 시기보다 60～70일 빠른 1월 중순경에 파종하면 된다.

파종은 10cm 줄뿌림으로 하고 모판 온도는 28도 정도로 한다. 싹틈을 촉진시키기 위하여 환기를 해주고 25도의 온도를 유지한다.

제1회 이식은 10cm 간격으로 모판 온도는 27도, 제2회 이식은 15cm 간격으로 모판 온도 25도로 한다. 뿌리돌리기는 이랑사이에 칼을 넣어서 모판흙을 가르는데, 포기사이를 같이 하여 끊는다.

나. 정 식 90×45cm로 10a당 2,400본 정도를 기준으로 한다.

다. 시비(施肥) 토마토는 석회의 흡수량이 현저히 많은 작물로서 석회가 모자라서 산성땅이 되면 시들음병에 걸리기 쉬우므로 반드시 석회를 주도록 한다. 석회의 양은 10a당 100～150kg, 밭에 따라서는 200kg 가량 주어야 하는 곳도 있다.

일찍 내는 것을 목표로 할 경우에는 밑거름에 중점을 둔 거름주기가 좋지만 다수확을 바랄 때는 웃거름이 필요하다.

제1회 웃거름은 활착한 뒤 얼마 되지 않아서 포기 주위에 속효성 질소거름을 주체로 하여 준다. 건조하여 있을 때는 물거름으로 하여 주는 편이 좋다. 제2회는 합장(合掌) 아래에 주고 가운데에 고랑이 생기도록 흙을 올린다. 제3회는 제2회의 반대쪽 통로에 줄 것이며, 포기 밑둥에 흙올림을 한다.

화학거름을 줄 때는 잎에 거름이 가지 않도록 주의한다. 잎에 거름이 가면 잎이 상할 우려가 있다.

<표 2-12　조숙 재배 시비량의 예>(10a당/단위 kg)

| 거름종류 | 총　량 | 기　비 | 추　　비 | | | 3요소량 |
			1　회	2　회	3　회	
두　　　　엄	2,000	2,000	—	—	—	
깻　　　묵	100	100	—	—	—	질소 : 20
유　　　안	75	30	20	25	—	
과린산석회	40	40	—	—	—	인산 : 16
염 화 칼 리	45	15	10	10	10	
용 성 인 비	40	40	—	—	—	칼리 : 24

라. 일반 관리

(가) 눈따기와 유인　비가 오는 날에 작업을 하면 병을 옮기는 원인이 되기 쉬우므로 되도록 피하는 것이 좋다.　또 비루스 포기에는 손을 대지 않도록 한다.

(나) 짚깔기　병충해 방제와 건조를 막기 위하여 짚깔기를 한다. 시기는 4월 상순경이 좋다. 너무 일찍 깔아 주면 땅온도가 오르지 않으므로 도리어 성적이 나빠진다.

(다) 순자르기(摘心)　평지에서는 기온 관계상 윗쪽(高段)으로 갈수록 꽃이 떨어지기 쉽고 과실도 속이 빈 것이 생기기 쉬우므로 보통 5~6단(段)에서 순을 자른다. 가공용의 다수확을 목표로 할 때는 8단 쯤까지 좋은 것을 거둘 수 있다.

③ 병충해 방제　조숙 재배는 그 시기가 장마철에 해당되므로 역병을 위시하여 잎에 병이 많이 생긴다.　또 비에 의하여 습해(濕害) 상태로 되므로 풋마름병, 시들음병 등 토양 전염성의 병도 발생한다.

역병 기타의 잎줄기에 생기는 병에 대하여서는 약제의 효과가 현저하므로 장마철에 약제를 철저히 살포하면 완전히 방제할 수 있다. 그러나 토양 전염성의 병에 대해서는 적당한 방법이 없으므로 돌려짓기를 지키는 이외에는 별 도리가 없다.

(4) 노지 억제 재배(露地抑制栽培)

난지에서 조기 재배한 것은 대체로 7월 하순~8월 상순 경에 거두기가 끝나게 되어 시장에서는 품귀(品貴) 상태에 이르게 된다. 여기에 뒤를 이어서 수확 출하되는 것이 억제 재배의 생산품이다.

요즘 행하여지고 있는 노지 억제 재배는 비교적 여름철이 시원한 지대로서, 표고 400~800m 근처의 기후 조건과 영농 조건을 갖춘 곳이라야만 재배가 성립된다.

노지 억제 재배는 촉성 및 반촉성의 비닐 경영처럼 자본이 들지 않고, 고냉지 억제 재배를 제외하고는 노지에서 간단히 육묘할 수 있다. 그러나 여름철 기온이 평탄 지대보다 시원하다고는 해도 토마토에 있어서는 부적당한 고온의 시기를 지나지 않으면 안 되고, 또 조숙 재배와는 달리 여름의 고온과 건조에 이어서 가을철 태풍기의 비를 많이 만나게 되므로 치명적인 병충해도 많다. 그리고 가을에 비가 많아서 열과가 꽤 많이 생기므로 청과로서의 가치가 현저히 감하게 되므로 특별한 주의가 요구된다.

① **품종**(品種) 조숙 재배처럼 일찍 내는 것이 목표가 아니고 또 출하 시기의 관계로 봐서 과실 크기는 1개 평균 188g 가량의 큰 것이 환영받게 되므로 중만생종이라도 좋다.

그리고 병에 견딜 힘이 강하고 많이 거둘 수 있는 것으로 열과가 생기지 않고 과실 모양이 바르며 저온기에서도 색깔을 잘 나타내는 품종이 좋다.

이런 점으로 봐서 알맞은 품종은, 위의 사실을 모두 충족시
킬 수는 없다해도 복수 2호, 내병장수가 적당하다.

② 재배법(栽培法)

　가. 육 모　지대에 따라서는 육묘를 하지 않고 바로뿌림
가꾸기를 하는 곳도 있고, 육묘에 의하긴 하지만 이식을 하지
않고 정식하는 경우도 있으며, 1～2회 이식하여 정식하는 경
우도 있다.

　(가) 파 종　모판은 폭 120cm에 적당한 길이의 베드로 하
여 밑거름을 준다. 파종은 9cm 간격으로 줄뿌림하고, 흙을
덮고 물을 준 뒤 짚을 깔아 둔다.

대개 3～4일이면 싹이 터 나오므로 때가 늦지 않도록 짚을
걷어 주어야 한다. 이식을 하지 않을 때는 18cm 사방에 2알
씩 씨앗을 뿌리고 3cm 가량으로 자른 짚을 엷게 깔아 줘야
한다.

〈표 2-13　억제 토마토의 재배 시기〉

지　　대	파 종 기	정 식 기	수 확 초 기	수 확 말 기
표고 400m	4월 하순	8월 상순	8월 상순	9월 하순
〃 600m	4〃 중〃	7〃 하〃	7〃 하〃	9〃 중〃
〃 800m	4〃 상〃	7〃 중〃	7〃 중〃	9〃 상〃

　(나) 이 식　온상 육묘를 할 경우, 육묘 기간은 모판에서
70～80일 걸린다. 억제의 노지 육묘에서는 온상 조건에 따라
서 다소 다르다. 제1화방의 개화까지에는 50일 정도의 단기
간이 걸리므로 무리하고 난폭한 이식 방법이면, 처음부터 포
기사이를 충분히 취하여 이식을 하지 말고, 모종에 흙을 곱게
붙여서 심어 주는 편이 좋은 때도 있다.

보통은 이식을 1회만 행한다. 이식할 경우는 10a당 파종 모판 6.6m²을 준비하고, 이식 모판도 66~82.5m²를 동시에 준비한다.

본잎 1~2장 때 흐린 날을 골라 18×18cm에 1본씩 이식하고 이랑사이에 물을 준다. 그리고 모판 위 160cm쯤의 높이로 발 또는 비닐을 덮어서 활착을 피한다.

특히 어린 모종 때는 장마철이므로 통풍과 건조 관리를 철저히 하고 약제 살포도 하여 병충해의 피해가 없도록 하는 것이 중요하다.

나. 정 식 노지에서 키운 모종은 자람이 빨라서 대개 40~45일이면 정식을 하며, 고온 건조기에 들기 전인 7월 중순까지 정식을 끝내면 된다.

봄 재배는 이랑나비 90cm,, 포기사이 45cm 가량을 표준으로 하여 과실에 햇볕을 충분히 쬐고, 또 바람이 잘 통하게 해 둔다. 그러나 볕에 쬐여서 일소(日燒)가 생기든가, 열매껍질이 굳어져서 가을철 비가 많은 시기에 열과되는 비율이 많으므로 정식에 의하여 이들을 방지하는 하나의 수단으로 삼아야 한다.

이랑나비 75~90cm, 포기사이 30cm 가량으로 하여 약제 살포를 철저히 해 주도록 한다.

다. 시비(施肥) 억제 재배는 밀식 재배를 하게 되므로 되도록 유기질 거름을 중심으로 하여 많이 주도록 한다.

질소는 일부를 웃거름으로 줄 것이며, 수확 말기까지 여러 번 나눠 줄 필요가 있다.

두엄을 많이 주어야 하는데, 그 까닭은 지효성(遲効性) 거름으로서 효과가 클 뿐 아니라 땅의 물리성을 개선하여 열과를 막을 수 있는 효과를 가졌기 때문이다.

〈표 2-14　노지 억제 재배의 시비량의 예〉(10a당/단위 kg)

| 거름종류 | 총　량 | 기　비 | 추　비 | | | | 3요소량 |
			1회	2회	3회	4회	
두　　엄	1,875~3,750	1,875~3,750	—	—	—	—	
생 선 찌 끼	37.5	37.5	—	—		—	질소 : 26.3
깻　　묵	75	75	—	—		—	인산 : 19
닭　　똥	37.5	37.5	—	—		—	칼리 : 26.3
유　　안	56	26	7.5	7.5	7.5	7.5	
과린산석회	48	48	—	—	—	—	
염 화 칼 리	30	22.5	—	7.5	—	—	

라. 일반 관리

　(가) 열과(裂果)와 난형(亂形)과의 대책　조숙 재배에서도 비가 많이 온 뒤에는 가끔 열과를 볼 수 있지만, 억제 토마토에서는 여름철의 고온 건조기에서 가을철에 비가 많이 온 때에 볼 수 있다.

　피해 과실은 과경(果梗)부가 동심형(同心型) 또는 방사형(放射型)으로 쪼개져서 그 부분에 2차적으로 잡균이 번식하여 검은 색 혹은 갈색으로 되어 가공용으로 쓰는 수 밖에 별 방도가 없게 된다.

　열과는 뿌리를 통하는 과잉(過剩) 수분 흡수가 주요 원인이며, 건조에 의하여 과실의 겉쪽의 발달이 억제되었다가

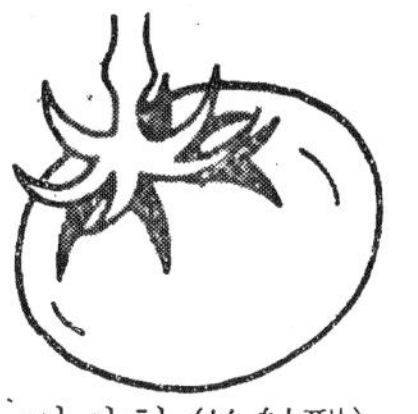

〈그림 2-23　열과(裂果)〉

갑자기 땅의 수분이 많아졌을 때에 발생하므로 언제든지 적당한 양의 물주기를 하면 그 발생이 적다고 한다.　그리고 두엄을 충분히 주고 짚깔기나 풀깔기에 의하여 땅의 물리성을 개

선하고, 건조할 때는 습기를 지니기에 힘쓰고 비가 많을 때는
물빠짐을 꾀하여 열과를 방지하도록 노력하여야 한다.

　난형과(亂形果)는 개화시에 씨방에 이상이 있을 때나 저온
과 다습할 때도 생긴다. 또 질소비료가 과다하거나 지나친 고
온도 원인이 된다.

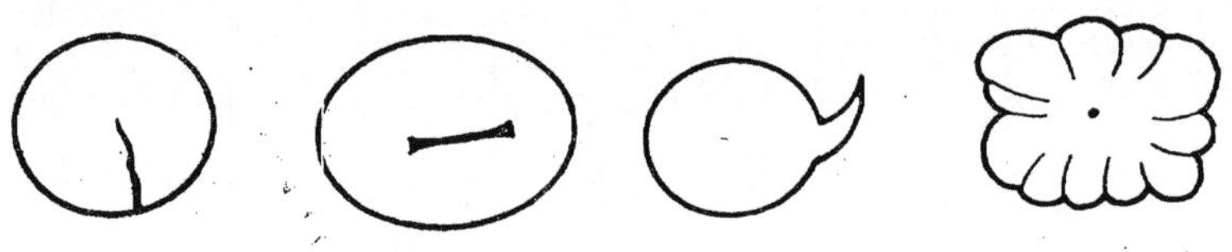

〈그림 2-24 여러 가지 난형과〉

　(나) 지주세우기   억제 재배는 촉성 및 반촉성 재배와 같
이 3～4화방에서 거두기를 그치지 말고 6～7화방 또는 그 이
상까지 결실시켜 나가므로 적어도 210～240cm의 튼튼한 반침
대를 세워 넘어지지 않도록 양 끝을 철사로 묶어 주면 더욱
좋다.

　(다) 순자르기(摘心)   순자르기는 보통 행하지 않지만, 후기
의 품질이 좋은 과실을 따기 위하여 각 지대의 첫서리 내리는
날, 즉 수확 최종일에서 역산하여 50～60일 전에 개화되어 있
는 화방 근처에서 순을 자른다. 10월 하순이 수확 최종기이면
9월 상～중순에 개화한 부근에서 순을 자른다.

　③ 병충해 방제(病蟲害防除)   토마토의 병충해는 저온보다 고온
에서 발생하는 율이 많으며, 산간(山間) 지대의 억제 재배는
여름철이 시원하다고 해도 병충해가 발생하기 쉬운 조건이므
로 병충해 배제를 철저히 행하여야 한다.

　특히 풋마름병과 시들음병은 발병되어도 적극적인 방제 수
단이 없으므로 물빠짐을 좋게 해 줄 정도에 지나지 않는다.
심한 밭에서는 옮겨서 가꾸는 방법 이외에는 별 도리가 없으
므로 방제에 철저를 기하도록 한다.

(5) 반억제 재배(半抑制栽培)

노지의 억제 재배가 추위 때문에 할 수 없게 되면, 계속하여 생육 후기의 저온기에 비닐 하우스나 유리실에서 보호되었던 반억제 재배의 것이 출하된다. 이 재배는 거두는 시기가 늦어질수록 값이 오르게 되므로 되도록 따뜻한 곳이 재배에 유리하다.

이 재배는 모종을 처음부터 비닐하우스나 유리실에 정식해 두는 방법, 모종을 상자에 심어 두고 추워진 뒤에 틀 안에 집어 넣는 방법, 모종을 노지에 정식해 두었다가 추워지면 그위에 터널을 만들든가 비닐 하우스를 세우는 방법으로 실시한다.

① **품종**(品種)　착색 시기에 볕쪼임이 적고 또 그 위에 온도가 낮으므로, 이와 같은 불량 환경에서도 착색이 잘 되는 것이 요망되고 있다. 복수 2호, 내병장수, 내병홍보석 등의 품종이 적당하다.

② **재배법**(栽培法)

가. 육 묘　육묘 일수는 자람이 극히 빠르므로 35~40일 정도로 잡으면 충분하다. 모판은 유리실 및 비닐 하우스가 있으면 그 속에서 모종을 키운다. 노지에서 모종을 키우게 되면 풋마름병이 발생하기 쉬우므로 수년간 가지과 식물을 가꾸지 않았던 곳을 고른다. 또 물주기에 편리한 곳일 것과 강한 비바람도 피할 수 있는 곳이라야 함을 생각해 두어야 한다.

(가) 파 종　일찍 뿌리면 비루스병 따위의 발생이 많고, 또 늦게 뿌리게 되면 윗단(上段)의 화방과 과실의 굵기 및 착색이 어렵게 되므로 적기를 놓치지 않도록 한다.

모판의 표면에 6~7.5cm 간격으로 옅은 파종 고랑을 만들고, 여기에 3.3m²당 0.55dl 가량의 비율로 줄뿌림을 한다. 흙덮기는 9mm 가량으로 하며, 충분히 물을 주고 곧 거적을 덮는다.

(나) 이 식 본잎 1~2장 때 제 1회의 이식을 한다. 이식 거리는 9×9cm 가량이다. 이 시기는 극히 온도가 높고 건조하므로 한낮에는 이식 작업을 하지 말고 저녁이나 흐린 날을 이용할 것이다. 이식 후 3~4일은 거적이나 비닐로써 해가리를 하여 활착을 돕도록 한다. 제 2회 이식은 그 뒤 7~10일 지나서 행하는데, 이 때는 정식 때의 식상을 막기 위하여 화분이나 짚분에 올리는 것도 좋다.

나. 정 식 씨뿌린 뒤 35~40일, 꽃이 곧 피려는 시기에 정식한다.

모판흙은 미리 준비해 둔 밭흙 3분의 2에 두엄 3분의 1, 가량을 섞고, 1 상자에 두 포기씩 짚분에 넣은 채 정식을 한다. 그리고 건조를 막기 위하여 두엄을 엷게 깔아주면 좋다.

다. 시 비 토마토는 결과기에 거름 효과가 지나치게 나타나면 잎 줄기만 무성하고 낙과되는 일이 많다. 시비의 예를 들어 보면 다음과 같다.

〈표 **2-15** 반억제 재배의 시비량의 예〉(10a당/단위 **kg**)

비 료 종 류	총 량	기 비	추	비	
			1 회	2 회	3 회
유 채 박	18.75	7.5	3.75	3.75	3.75
생 선 찌 끼	11.25	3.75	3.75	3.75	—
용 성 인 비	1.88	1.88	—	—	—
황 산 칼 리	3.01	1.5	0.38	0.75	0.38

라. 일반 관리

(가) 순자르기와 과실솎기 광선의 투과를 좋게 하기 위하여

미리 순을 잘라 준다. 그리고 가장 윗쪽의 화방 위의 잎을 2〜3장 남길 것을 잊어서는 안된다.

과실솎기는 고르기가 같고 질이 좋은 것을 많이 거두기 위하여 행한다. 남겨 둘 과실의 수는 품종 및 포기 세력에 따라서 다르지만 3단 화방까지는 5〜6과, 4단 이상은 3〜4과 가량으로 한다.

(나) 보온(保溫) 기온이 차츰 내리게 되면 열과가 생기고, 또 착색이 잘 되지 않으므로 틀 안에 넣든가 혹은 하우스를 세워서 보호해주지 않으면 안된다.

보온은 갑자기 행하면 여러 가지의 장해가 생기므로 서서히 실시할 필요가 있는 것이다. 알맞은 온도는 낮 20〜25도, 밤 15도 가량이다.

(다) 가온(加溫) 반촉성 재배의 대부분은 가온을 하지 않고 보온에만 힘을 쓰는데, 특수 지방에서는 석탄에 의한 온탕(溫湯)난방이 실시되고 있다. 또 난방의 설비가 없는 곳에서는 석탄이나 무연탄 등으로 추위를 막고 있다.

특히 수확 후기의 기온이 낮은 곳에서는 능률적인 가온 방법을 필요로 한다.

(라) 잎따기 잎따기는 광선의 쪼임을 좋게 하기 위하여 온도를 높여서 자람을 촉진시키기 위하여, 또 땅 온도를 높여서 뿌리의 자람과 거름의 흡수를 좋게 하여 품질을 높이기 위하여 행한다.

잎은 아랫쪽의 동화 능력이 없는 것을 따 주되 그 밑둥에서 자르지 말고 잎 끝을 자르도록 한다. 또 한꺼번에 많이 따지 말고 3〜4회 나눠서 따주는 것이 좋다.

③ 병충해 방제(病蟲害防除) 반역제 재배에 있어서는 여러 가지의 병해가 생기기 쉽다. 그러므로 특히 유의하여 병충해를 사전에 막도록 노력하여야 한다. 병충해 방제의 성공 여부가

품질은 물론 소출에도 크게 영향을 미친다.

제 3 장

가 지

1. 재배 경영상의 특성

가지는 가지과에 속하는 일년생 식물이다. 가지의 원산지는 인도라고 추정하고 있으며, 중국 남쪽을 통해 우리 나라에 들어왔다. 우리 나라에서는 여름철 반찬감으로 많이 쓰이고 있다.

(1) 성상(性狀)

발아 후 8~10잎의 엽액에서 첫 가지가 뻗게 되고, 그 중에는 첫가지 아랫잎의 엽액에서도 가지가 돋는다. 전신에 잔털이 밀생하여 있으며, 품종에 따라서는 가시가 있는 것과 없는 것이 있다.

잎은 타원형으로 변두리가 파상(波狀)이며, 꽃잎은 보라색 또는 담자색이다. 열매는 품종에 따라 장원통형 또는 둥그스름한 것 등 여러 가지 모양이 있으며, 빛깔은 연한 자색에서 진한 자색, 백색에서 황색 그리고 녹색, 여기에 또 무늬가 있는 것이 있다.

가지는 5년 이상 돌려짓기를 해야 하고, 재배 기간이 길므

로 노력이 많이 든다. 또 육묘에 고온을 요하며, 육묘 기간도
길다. 여기에 거름도 많이 주어야 하는데, 특히 질소를 충분
히 주어야 품질이 좋은 가지가 많이 생산된다.

(2) 경영 합리화

자가 소비(自家消費) 정도의 소규모의 재배라면 가지의 성
질과 재배법을 대충 알게 되면 대체로 틀림없이 소출을 올릴
수 있는 것이다. 그러나 한정된 면적에 환금 작물(換金作物)로
서 능률적인 재배를 한다고 하면 그렇게 간단히 되는 것은 아
니다. 이러한 경우에는 경영상의 성질에 대해서 잘 알아야
한다.

먼저 시장까지의 거리 문제를 고려하여, 비교적 넓은 밭을
가지고 돌려짓기를 할 수 있는 도시의 외곽 지대로서, 토질이
다소 무겁고 건조하지 않는 곳이 좋다.

생산비에 대해서 알아 보면, 노력비와 비료비, 재배비 등이
많이 든다. 특히 노력비에 있어서는 수확(收穫)과 출하(出荷)
에 쏟는 노력의 성적이 좋을수록 더 유리해진다.

다음은 밭의 운영상의 문제로서 병해 관계상 이어짓기는 되
지 않고 돌려짓기를 해야 한다는 것은 앞서 말한 바이나, 밭
은 5~8년, 논은 4~5년 쉬면 대체로 좋다. 물론 이 기간 중
다른 가지과(茄科)의 작물 즉 감자, 토마토, 담배 같은 것을
재배해서는 안 될 것은 말할 것도 없다.

가지의 전작(前作)으로는 방풍(防風)을 겸하여 보리를 심어
두면 좋은데, 가능하면 조생종(무生種)이 좋다. 가지를 늦심
기할 경우에는 봄양배추 등을 사이짓기하여도 좋다.

후작으로는 시금치, 완두콩, 보리, 양배추, 양파 등이 있으
나, 다소 일찍 수확이 끝나면 가을무우, 배추 등을 심을 수

도 있다. 또 더 일찍 수확하면 토란 같은 것을 사이짓기로 심어 두는 것도 좋다. 조방 지대(粗放地帶)라면 서리내릴 때까지 수확을 계속하고, 뒤는 겨울 야채 또는 보리 종류 등을 심는 것도 유리하다.

2. 재배 환경(栽培環境)

(1) 기상 조건

가지는 고온성 작물로서 생육 적온(生育適溫)은 섭씨 22~30도, 밤에도 17도 이상이 되어야 하며, 서리에는 아주 약하다. 개화와 결실에 있어서는 20~30도가 적당하며, 12도 이하에서는 화분(花粉)이 발아하지 않고, 15도 이하에서는 착과가 되지 않는다. 그리고 일조(日照)가 풍부하여야 생육, 착과, 열매의 품질이 좋아진다.

(2) 토양 조건

유기질이 많은 사질 양토(砂質壤土)가 좋으나, 건조하지 않을 만큼의 물빠짐이 좋아야 한다. 물빠짐이 나쁜 땅에서는 뿌리 끝부분이 부패하기 쉽고, 건조가 심한 땅에서는 생육이 잘 되지 않으며 과실의 품질이 나빠진다. 토양의 산도(酸度)는 생육시에는 pH6 정도의 약산성이 좋고, 과실의 발육과 수확기에는 pH6.8~7.3 정도의 중성이 좋다.

3. 품종(品種)

가지는 숙기(熟期)에 따라서 조생(早生)·중생(中生)·만생(晚生), 색깔에 따라서 흑자색(黑紫色)·자갈색(紫褐色)·청백색(靑白色), 모양에 따라서 난형(卵形)·구형(球形)·장형

(長形) 등으로 분류된다. 우리 나라에서는 진한 흑자색(黑紫色)으로 모양은 장형(長形)이 주로 재배되고 있다.

(1) 난형군(卵形群)

이 군에 속하는 품종들은 단난형(短卵形)에서 장난형까지 있고, 조생 또는 중생이며 주로 절임용이다. 가지(枝)는 가늘고 분지성이 매우 강하다.

(2) 구형군(球形群)

정구형(正球形), 편구형(扁球形)이 있고, 숙기는 중만생이며 내병성이 강하다. 과실은 대과 또는 중과이고 육질은 치밀하며 익혀 먹기에 알맞다.

(3) 장형군(長形群)

가늘고 소형인 조생종도 있으나, 대부분 굵고 긴 대과의 중만생종으로 초장이 길고 직립성으로 내서성·내병성이 매우 강하다. 진주장가지는 이 군에 속한다.

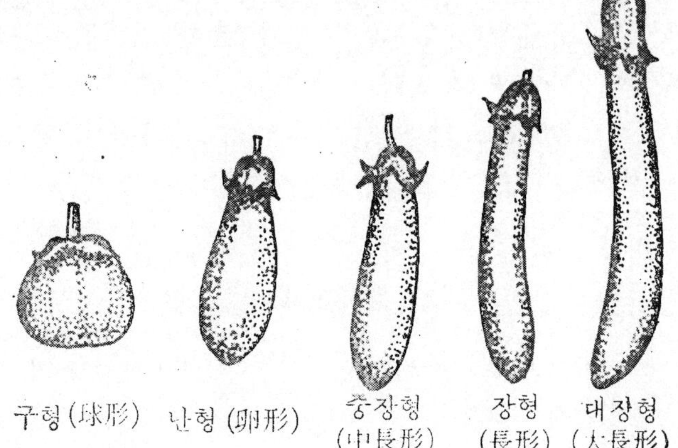

〈그림 3-1 가지의 열매 모양〉

(4) F₁군

가지의 일대잡종의 육성은 현저하여 수요가 많은 일본 같은 데서는 거의 F₁군을 많이 이용하고 있다. 우리 나라에서는 절임용을 계약 재배할 때를 제외하고는 거의 지방 고정종을 많이 쓰고 있다.

4. 재배법(조숙 재배)

가지의 재배형에는 직파 재배, 조숙 재배, 촉성 재배, 반촉성 재배; 터널 재배, 억제 재배 등이 있다. 여기서는 먼저 조숙 재배에 관하여 중점적으로 설명하고자 한다.

(1) 육묘(育苗)

가지는 여름 작물 가운데서도 특히 고온을 좋아하는 것이며, 발육도 느리다. 따라서 이른 봄에 본포장에 바로뿌림해도 좀처럼 싹트지 않고 꽃필 때까지 적어도 4개월을 요하게 된다. 그렇기 때문에 포장의 이용도 불경제이고 한여름의 고온기가 와도 모종이 어려서 생산은 되지 않는다. 곧 저온기에 들면 수확을 마치게 되는 결과가 된다.

모종의 정식이 곤란한 높은 지대나 온난한 지방에서는 다소 바로뿌림 재배도 행하고 있다. 온난한 지방은 바로 뿌림해도 처음의 발육이 빠르고 가을이 길므로 반억제적(半抑制的)으로 상당히 장기에 걸쳐서 수확을 할 수 있다.

또 물론 조기에는 가격이 높고 경영적으로 보더라도 아무래도 조기 다수를 노리는 것이 중요하다. 그러므로 상당히 큰 모종을 4~5월경에 정식해서 여름까지 충분히 발육하도록 하지 않으면 안된다.

특히 큰 모를 만드려면 퍽 일찍 파종하지 않으면 안되고, 일찍 파종하면 한냉기(寒冷期)에 당하므로 한층 더 곤란해진다. 따라서 가지는 열원(熱源)을 가한 온상에서 육묘하는 것이 옳은 방법일 것이다.

① 파종(播種)

가. 파종상 좋은 모판 흙을 만드려면 병균이나 해충이 없는 밭의 속흙이나 논의 흙을 15cm 정도의 높이로 쌓아서 그 위에 두엄, 짚, 낙엽, 마른 풀 등을 쌓아서 밟아 15cm 정도가 되게 한다. 다시 그 위에 여러 가지 거름을 뿌리고 또 흙과 두엄을 쌓고 이것을 몇 번 거듭한다. 이것에 쓰이는 거름의 양은 상토 1m²당 질소 0.5kg, 인산 0.5kg, 칼리 0.4kg, 석회 4kg 정도이다.

뒷거름과 초목재는 흙을 뒤질 때마다 쓰고 초목재의 일부는 파종상(播種床)과 이식상(移植床)에 쓰면 잘록병(立枯病)에 걸리는 것을 막을 수 있다.

또 질소분(窒素分)으로서는 소독을 겸해서 석회질소(石灰窒素)를 쓰면 손쉽고 좋다. 석회질소는 15~18.75kg이면 족하고, 사용 약 반년 전에 모판흙에 뿌려둔다. 덩어리를 잘 부셔서 고루 섞어야 한다.

이렇게 쌓은 것은 될 수 있는대로 비를 피하게 하고, 사용할 때까지 2~3회 뒤집어야 한다. 그래서 충분히 양분을 혼합해서 한결같이 모판흙이 잘 썩도록 한다.

모판에 가장 발생되기 쉬운 것은 잘록병(立枯病)이다. 이것은 파종상에서 1회 이식 전후에 많이 발생한다. 소독에는 클로로피크린을 쓰는 것이 좋다.

나. 파종 시기 육묘의 적온(適溫)은 25도 전후로, 이 정도의 온도이면 조생품종(早生品種)은 70~80일 정도로 개화하게 된다. 따라서 파종기는 정식기로부터 대체 2.5~3개월 정도 앞이면 좋을 것이다. 따라서 파종기는 2~3월 경이다.

다. 파종 방법 종자 소요량은 10a당 50m*l*이다. 준비된 종자는 먼저 벤레이트 T 또는 부산 30에 침지 소독한 후 물로 씻는다. 종자는 줄사이 5cm 정도로 조파(條播)하거나, 또는 5mm 종자사이로 점파(點播)한다. 또 상자에 파종하는 경우에는 다음 〈그림 3-2〉와 같다.

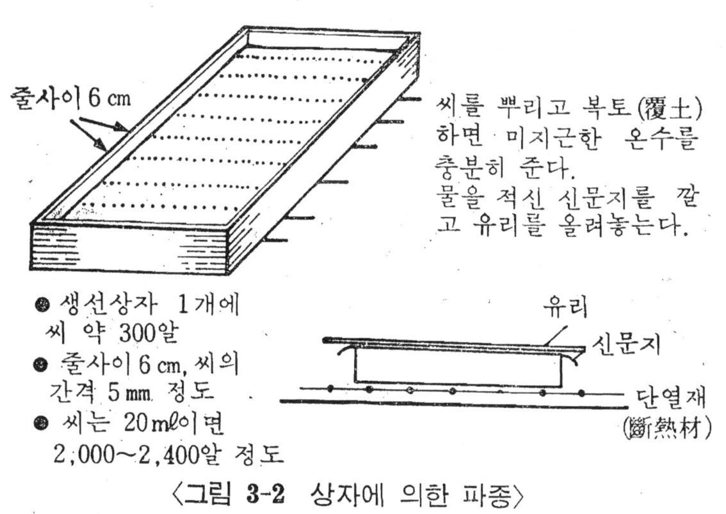

〈그림 **3-2** 상자에 의한 파종〉

라. 파종상의 관리 파종이 끝나면 곧 흙으로 덮는다. 조파(條播)의 경우는 모판흙을 엄지손가락과 집게손가락으로 집는 것처럼 밀어서 덮어도 좋고, 점파의 경우는 모판흙을 체(篩)로 치면서 뿌린다.

파종 후에는 곧 물을 뿌린다. 싹틔우기(催芽)한 씨앗을 사용할 경우는 특히 30도 정도의 더운 물을 쓰면 싹틈이 고르게 잘 된다. 싹트기까지는 나중에 물을 주지 않아도 좋도록 충분히 관수해 둔다.

그 뒤 낮에는 햇볕을 받도록 거적을 걷어서 모판 온도를 올리고 밤에는 보온에 힘쓴다. 싹트기까지는 30도 정도의 고온을 지니게 하여야 한다. 또 상내(床內)는 될수록 다습을 지니게 한다.

그러나 야간에도 30도 이상의 열이 계속된다면 오히려 싹틈이 늦어지는 경우도 있다. 이와 같은 때는 밤 온도를 25도 정도까지 내리지 않으면 안된다. 야간에 그렇게 과도하게 보온할 필요는 없다.

낮에 너무 고온이 될 경우는 적당히 거적같은 것을 덮어주면 좋다. 육묘의 적온 이상이 되는 때는 창을 열어서 통풍을 좋게 하면 상온(床溫)은 내린다. 그 대신 모판 흙은 건조하게 되므로 관수를 해 주어야 한다.

고온 다습이면 싹틔우기한 것은 3일만에, 최아하지 않아도 빠른 것은 5일만에 뿌리가 뻗어서 눈이 싹트기 시작한다. 가지는 도장될 염려가 적으므로 눈이 조금 들고 일어났다 해서 깔아 둔 짚을 걷고 통풍을 할 필요는 없다. 하물며 이 때 너무 급히 서둘면 싹틈이 일정하게 되지 않는다. 최초의 싹틈을 보고 나서 하루나 이틀 쯤 되어 대부분 고르게 난 뒤 조심하여 덮은 짚을 걷고 약간 따뜻한 물을 충분히 준다. 이 관수로 싹틀 때 들고 일어난 모판흙을 떨구고 또 떡잎을 뻗게 해서 쓰고 있는 껍질을 벗을 수 있게 한다.

싹틀 당시부터 비가 오거나 날이 흐리다가 뒤에 갑자기 빛이 나면, 특히 온상이 유리창인 경우는 잎이 마르기 쉬우므로 창 위에 짚같은 것을 엷게 덮어 둘 필요가 있다.

싹틈이 일정하게 된 뒤는 조금씩 창을 열어서 모판 안의 공기를 차츰 건조시키고 상온은 25도 정도를 표준으로 관리한다.

전부가 싹튼 뒤에 솎음질을 하고 대체로 소요되는 포기 수의 2~3 할 정도가 넘도록 하면 좋다. 그러나 잘록병(立枯病)의 위험이 있으면 너무 급히 솎지 않는 것이 안전하다. 또 싹틈이 너무나 불량할 경우는 새로운 온상에 다시 뿌리는 것이 좋은 방책이다. 그리고 묵은 씨앗은 채종 후 만 2년 정도까지의 것이면 싹틈에 지장이 없다

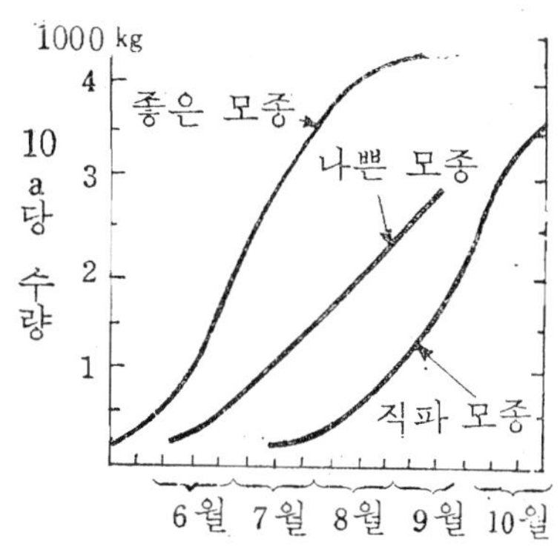

〈그림 3-3 모종의 양부(良否)와 수확량의 관계〉

② 이식(移植) 싹튼 뒤는 솎음질을 해가나 모종이 커가면 솎음질만으로서는 아무래도 너무 좁으며, 또 상온(床溫)이 내려가므로 당연히 이식하지 않으면 안된다.

원래 이식하게 되면 모종의 자람은 그것 만큼 늦어진다. 한 번의 이식으로 상당히 잘 되었다 하더라도 대체로 5일 정도의 발육이 늦어지는 것으로 보아도 좋다. 너무 자주 이식을 해서 발육을 중단시키면 꽃의 분화 발육(分化發育)도 늦어지고 또 좋은 꽃이 붙지 않는다.

그러나 전혀 이식하지 않으면 육묘에 무리가 된다. 전혀 이식을 안했다면 처음부터 끝까지의 포기사이를 두지 않으면 안된다. 그렇게 되면 추울 때부터 넓은 면적의 온상이 필요하고 또 발열물이 도중에 온도가 내리므로 모종의 자람도 늦어진다. 또 뿌리가 멀리 뻗어서 뿌리털(毛根)의 분기(分岐)도 적고, 정식할 때가 되면 상당히 뿌리를 끊지 않으면 안되므로 식상이 많아서 곤란하게 된다.

가지는 뿌리의 뻗는 것도 뿌리의 회복도 오이나 호박에 비

해서 이식을 많이 하지 않더라도 좋도록 되어 있다. 이식은 두 번 하는 것이 보통이다. 그러나 육묘 일수 60일 정도의 작은 모종 육묘(小苗育苗)의 경우는 한 번만이라도 좋다. 단, 최후의 뿌리털 자람의 촉진을 위한 조치는 필요하다.

가. 제1회 이식 가지 모종의 제 1 회 이식은 서둘 것은 없다. 파종상은 원래 고온으로 밟아 넣었기 때문에 대체로 한 달 정도는 적당 온도가 계속한다. 싹튼 뒤는 밀생한 곳을 점차 솎아 간다. 이 때는 모종의 자람도 느리고 한 달 쯤 지나도 대개 본잎(本葉) 2～3장이 퍼질 정도이다. 따라서 이 시기까지는 솎음질뿐으로서 이식을 안해도 좋다. 그러나 너무 늦으면 이식이 곤란하게 되므로 적기에 이식을 행한다. 또 특히 파종 상이 좁고, 씨앗을 많이 뿌려서 솎아주면 모종이 모자랄 경우에는 빨리 이식해 두지 않으면 안된다.

싹튼 뒤 20일이 지나면 제 1 회 이식상(移植床)의 준비에 착수하면 좋다. 양열물을 밟아 넣은 뒤 모판흙넣기, 모판 온도의 상승(上昇) 등 이식까지 대체 10일 안팎을 요하게 되기 때문이다.

이식 회수를 두 번으로 할 예정이면 제 1 회 이식의 포기사이는 9×9cm이면 좋다. 이식 회수 한 번으로 작은 모를 기르는 때에는 최후의 이식이므로, 모종은 아직 어리나 최후의 포기사이를 만들어 둔다. 10.5×12cm 정도가 필요하다.

이 때가 되면 다소 따뜻해진다. 그러므로 파종상보다 낮은 온도라도 좋다. 표준 모판 온도는 25도 정도면 알맞으며, 양열물 밟아 넣

〈그림 3-4 이식의 요령〉

기는 간단하게 해 줘도 좋다. 그러나 될 수 있다면 발열물을 많이 넣는 것이 좋다. 모판흙은 7.5~9cm 정도가 좋다.

모판 온도가 충분치 않으면 태양열에 의지하게 되므로 충분한 통풍을 할 수 없기 때문에 연약하고 도장된 모종이 되고 만다. 모판 온도가 충분하면 적당히 통풍이 되므로 충실한 좋은 모종이 된다. 이런 뜻으로 보아 모종의 도장은 양열물 밟아넣기를 충분히 하지 않은 데 있다 해도 과언이 아니다.

이식은 날씨가 맑고 바람이 없는 날을 선택해서 오전 10시경부터 시작한다. 모판 온도가 아직 오르지 않았는데 이식하거나 찬 바람이 부는 날이나 저녁 늦게까지 이식하거나 하면 모종은 약해지고 만다. 파종상에서는 모종이 비교적 밀생되어 있으므로 물주기를 하기 보다는 오히려 모판흙을 건조시킨 그대로가 취급하기에 편리하다.

이식할 때에는 한 묶음씩 떠서 잘 떼어서 심는다. 그러나 파종상에서 충분히 솎음질된 모종은 모종의 포기사이가 충분하므로 가볍게 물을 주어 한 포기씩 모종을 뜬다. 심은 뒤는 가볍게 눌러 준다. 토질에 따라서 다른 것이나 너무 강하게 누르지 않도록 조심하여야 한다.

이식 후는 보온에 힘쓰고 빨리 활착 되도록 할 것이나, 햇볕에 쬐게 되면 모종이 시들어지기 쉽다. 시들어지는 것은 뿌리가 끊어져서 충분히 물기를 흡수 못하기 때문이므로 이 때 필요 이상으로 물을 주어도 큰 효과는 없다. 너무 많이 물을 주면 도리어 모판 온도가 내리므로 좋지 않다. 이런 경우는 창을 밀폐하고 모판 안의 온도와 습도를 높이며 덮개로 볕쪼임 (日射)을 막아준다. 그래도 시들면 가볍게 물을 준다. 다만 이것을 계속하면 모종이 연약해지므로 때때로 덮개를 덮었다가 걷었다가 해서 2~3일 지나면 덮개도 필요 없고 통풍도 보통 때와 같이 할 수 있도록 관리한다.

이 동안은 상당히 면밀하게 돌보지 않으면 모종은 좀처럼 회복되지 않고 이식의 해가 나타난다. 이식 후 일 주일이 지나도 한낮에 시들게 되면 관리가 불량하거나 모판 온도가 낮기 때문이다.

나. **제2회 이식** 제 1 회 이식 후 20~25일 정도 지나면 본잎 4~5장이 펴지고 포기사이도 좁아진다. 이 때 제 2 회 이식을 행한다. 이 때는 바깥 온도도 상당히 오르므로 모종도 저온에 견디어 자라게 되므로 발열물은 양을 적게 해도 좋다. 또 이식 당시만 고온으로 하여 주면 그 뒤에는 바깥 온도가 따뜻해지므로 20~22도로 충분하며, 고온을 오래 계속시킬 필요가 없다.

발열물은 물기를 적게 하고 밟는 것도 덜 다져주며 두께 6~9cm를 표준으로 하면 좋다. 그러나 포기사이는 충분히 띄워서 햇볕을 충분히 받게 하여 저장 양분(貯藏養分)을 많게 한다. 뿌리도 잘 뻗게 해서 지금까지의 찌는 것 같은 육묘 방식을 변경하지 않으면 안된다. 포기사이는 일수에 따라 다르나 큰 모종이면 15×15cm 정도로 하고, 적어도 15×12cm 정도로는 해야 할 것이다. 파종상이라도 비어 있으면 발열물을 바꿔서 쓸 수도 있으며, 지금까지 쓴 제 1 회 이식상도 바꿔 쓸 수 있으므로 새로 온상을 만들 필요는 별로 없다.

제 2 회 이식은 제 1 회 이식과 달라 모종도 퍽 커서 포기사이도 상당히 떨어져 있고 뿌리도 많이 뻗게 되므로 가급적 흙이 떨어지지 않도록 모종을 취한다. 그렇게 하기 위해서는 이식하는 날 아침부터 충분히 물을 쥐 두었다가 세 손가락 정도로 눌러 흙을 붙여서 모종을 취하도록 한다. 잎의 모종을 상하지 않도록 하는 범위 안에서 되도록 크게 흙을 붙인다.

이식을 할 때의 주의점은 제 1 회 이식 때와 같다. 모종의
대소를 고르게 하려면 작은 모종은 북편에 심거나 또는 한 곳
에 모은다. 이식상의 온도가 높으면 활착(活着)이 제 1 회 때
보다 수월하다.

〈표 **3-1** 육묘 일수와 최종 포기사이, 소요 모판
면적 및 이식 회수와의 관계〉

육 묘 일 수	50일	60일	70일	80일	90일
최종 포기 사이	9×9cm	10.5×12	12×15	15×18	18×18
모 판 면 적	16.5m²	24.75	36.3	52.8	66
이 식 회 수	2회	2	2	3	3

　　다. 개량 이식법 가령 90일 모종 정도의 큰 모를 키운 때
라도 정식을 쉽게 잘 할 수 있으면 제 1 회와 2 회의 이식 혼
합 육묘법(移植混合育苗法)이라는 방식을 취하면 육묘는 훨씬
수월하게 된다. 다만 이 경우는 반드시 이식을 공들여 할 수
있고, 발열물 재료가 비교적 풍부하게 있을 것 등의 조건이
필요하다. 이 방법은 말하자면 제 2 회 이식에 당해서 한 포기
씩 띄어서 모종을 솎아 줌으로써 반수의 모종은 제 1 회 이식
한 그대로 가꾸는 것이다. 즉 한 포기씩 띄어서 모종을 솎고
솎은 모종은 보통의 제 2 회 이식과 같이 가꾸는 것이다. 그래
서 모판에 남은 것은 모종을 솎은 뒷자리에 배양토(培養土)를
넣어주는 것만으로 가꾸는 것이다.

　　이 경우는 파종 시기를 약간 늦추어야 하고, 제 1 회 이식상
의 발열물을 조금 많게 해서 모판 온도의 지속을 피하여야 한
다. 그리고 자리 메우기 흙은 조금 미숙한 배양토를 쓰며, 이
렇게 하면 정식에 편하다. 또 제 1 회 이식한 것에는 정식 전
에 반드시 뿌리털의 자람 촉진을 위한 조치(뿌리돌리기)가 필

요하다.

뿌리돌리기(根廻)는 작은 모 키우기에나 이식 회수가 많은 경우는 별로 필요 없으나, 개량 이식법(改良移植法)에서 제1회 이식의 모종은 물론 이식 회수가 적을 때 정식의 식상을 적게 할 목적으로 꼭 필요한 작업이다.

뿌리돌리기 방법은 모종과 모종과의 중앙부에서 모판흙 밑까지 종횡(縱橫)으로 끊는 것이다. 그러나 그 시기가 문제인데 너무 빨리 하면 모처럼 끊은 뿌리가 또 자라서 정식 때 뿌리가 전부 잘라져서 식상이 많이 생기며, 너무 늦어서 정식이 임박해서 하면 끊은 뿌리가 회복하지 않으므로 이것 또한 식상이 많게 된다. 뿌리돌리기를 해서 뿌리가 회복되고 새로운 뿌리가 충분히 나고 더우기 잔뿌리가 정식 때 너무 끊겨 나가지 않을 정도의 시기에 행하는 것이 이상적인 것으로 그것은 정식의 10~15일 전이 될 것이다.

라. 이식상의 관리

(가) 통 풍 제1회 이식이 활착(活着)한 뒤는 기온도 차츰 높아지고 모종의 자람도 왕성해지므로 날씨에 따라 점차 통풍을 하여 준다. 때에 따라서는 온상 창을 전부 열고 직사 광선을 받게 해 주면 잎살이 두껍고 색이 좋아져서 볼수록 건강한 모종이 되어 간다. 그러나 이 때 갑자기 바람에 닿게 하거나 장시간 직사 광선에 쬐이면 잎이 마르고, 또한 이것은 회복이 되지 않으므로 무리한 것은 피해야 한다. 초기의 개방은 기온이 가장 높은 때가 좋으나 최초는 극히 짧은 시간에, 그리고 차츰차츰 길게 하도록 한다.

저온기(低溫期)에는 통풍의 시간도 제한하고, 밤에는 냉기가 들지 않도록 주의하며 덮개를 튼튼히 덮는다. 다만 따뜻해진 뒤는 점차 통풍의 시간과 통풍의 양도 많이 하고 밤에도 어느 정도 온도를 내려 줘도 좋다. 정식 전이 되면 아침에 온도를 검사해서 10도 정도면 우선 지장이 없다.

(나) 물주기　가지 모종은 다른 모종에 비해서 물을 많이 주지 않으면 안된다. 너무 습해도, 또 너무 말라도 잘록병(立枯病)이 많이 발생하고 모종도 자라지 않는다. 물주기는 회수를 많이 하여 소량을 주기보다는 회수를 적게 하고 날씨가 좋을 때는 한번에 충분히 주도록 한다.

그러나 이렇게 물주기가 많은 것은 온도가 이상적이고 포기 사이도 충분히 있을 경우에 한할 일이고, 온도가 낮거나 좁은 포기사이에서는 물주기를 아주 적게 하지 않으면 안된다.

(다) 온도 관리　이식 때는 뿌리가 상당히 잘려져 있으므로 급속히 새 뿌리를 내도록 할 필요가 있다. 이 때문에 밤이라도 모판 온도는 25도 정도 되어야 한다. 그러나 활착하면 그렇게 높은 모판 온도는 필요 없게 된다.

첫째번 꽃의 분화기(分化期)는 제 1 회 이식(싹튼 뒤 약 30일) 때이고, 이 때부터 모종의 충실을 기하기 위해 서서히 밤의 모판 온도를 내려 간다. 이 때 밤은 20도 정도로서 좋을 것이다. 그러나 낮에는 지장이 없는 범위 안에서 고온으로 한다.

(2) 정식(定植)

높은 수확을 올리기 위해서 정식할 밭은 특히 비옥(肥沃)하여야 한다. 때문에 겨울철부터 석회 살포(石灰撒布)를 하고, 두엄이나 외양간 거름 따위를 주어 깊이 갈아 두면 좋다. 지력(地力)이 충분하면 원래 왕성하게 자라는 것이며, 특히 좀 지대가 높은 곳에 있어서는 깊이 갈아주는 것이 중요하다. 그렇게 함으로써 뿌리가 깊게 들고 여름의 건조에도 견딜 수 있다.

밑거름을 주고 심는 거리(植栽距離)가 결정되면 구멍을 파고 웃거름을 준다. 다시 웃거름과 흙을 잘 혼합해서 넣고, 구멍은 가급적 크게 그리고 깊게 파고, 덮는 흙은 약간 높게 해준다. 덮는 흙이 높으면 땅 온도가 오르므로 활착(活着)이 빠르다. 그러나 너무 높아서 비에 무너지거나 너무 건조하면 안된다.

정식 당일에 구멍을 파면 땅 온도가 오르지 않으므로 일찍 심기 할 수 없다. 또 구멍마다 하나씩 지주(支柱)를 나누어 세울 것이며, 별로 튼튼하지 않는 큰 모종(大苗)이라면 햇볕을 피하기 위한 거적도 준비하여 두면 좋다. 또 방풍용(防風用)의 보리가 심어 있지 않으면 북풍이 닿는 밭에서는 주위에 방풍을 위한 담장을 만들 필요가 있다.

① 시기(時期) 가지의 조숙 재배에서는 늦서리의 걱정이 없는 4월 하순~5월 상순경에 첫 꽃이 피기 시작한 정도의 모종을 심는다.

모종이 예정과 같이 자라고 일기도 좋으면 계획한 날짜에 심으면 좋다. 다만 정식 당일은 가급적 하늘이 맑고 바람이 없는 따뜻한 날씨일 것과 심한 비가 온 직후가 아닐 것이 좋다. 땅 온도가 충분하면 구름낀 날이라도 관계 없다. 그러나 비오는 날이나 바람부는 날은 피하도록 한다. 특히 찬 비가 내리는 중에 진흙이 많은 땅에다 심는 것은 가장 나쁘다.

좀처럼 따뜻해지지 않고 아직 정식해서는 무리라고 생각될 것 같으면 물론 연기하지 않으면 안된다. 무리를 해서 늦서리(晩霜)의 피해를 입어, 3개월이나 걸려서 애써 가꾼 모종을 하루밤 사이에 버리지 않도록 충분한 주의가 필요하다.

이 때 심히 곤란한 것은 모종의 자람이 느리고 또 모종을 온상에 그냥 두어도 상관 없을 때는 문제가 되지 않으나, 모종은 예정대로 잘 자라서 하루 속히 정식을 해야 할 경우에는 상당히 어려운 입장에 놓인다. 이 때는 모종을 너무 억제하는 것도 좋지 않으므로 때에 따라서는 모종의 일부를 새로 만든 온상에 옮겨 심고, 그 뒤에 포기사이를 넓혀 주는 것이 좋다.

또 기후는 예정대로 좋으나 모종이 너무 어려서 곤란한 경우는 역시 모판이 허용하는 범위 안에서 모종을 보호해서 얼마라도 좀 더 크게 하고 따뜻해진 뒤에 정식하는 것이 좋다.

② 방법(方法) 조생 품종(早生品種)을 써서 약간 정식 포기 수를 많이 한다. 조기의 단기간에 재배를 마치려는 경우는 예정대로의 육묘 본수가 얻어지면 이랑사이와 포기사이를 비교적 좁게 정한다. 또 땅이 메말라서 충분히 자랄 수 없는 밭에서는 이것 또한 좁게 하는 것이 좋다.

이것과는 반대로 땅도 비옥하고 자람도 왕성한 밭에서는 넓게 심어야 한다. 혹 이것이 좁으면 가지(枝)가 한데 부딪쳐서 과실에 많은 흠을 내고, 또 일조 불량(日照不良)으로 낙화의 염려도 있고 열매의 색깔도 나쁘며 병이나 해충의 발생도 많아진다.

그러나 너무 넓으면 가지는 원래 초기의 자람이 늦으므로 초기의 수확량은 적고 수입은 한층 적어지며, 특히 수확을 빨리 마칠 때는 능률은 더욱 좋지 않다.

집약 지대(集約地帶)에서 모종이 필요량 육묘되고 정식 및 기타 관리에 충분한 노력(勞力)이 있을 경우는 상당히 미리부터 밀식을 해 두었다가 어느 정도 수확이 오른 뒤에 너무 무성할 경우는 한 포기씩 띄어서 뽑아버리거나 혹은 한 포기씩 띄어서 가지(枝)를 잘라버린다.

공들여 가꾼 모종도 정식 때 뿌리흙을 허물어뜨리거나 하면 활착(活着)에 나쁜 결과를 가져 온다. 뿌리흙을 충분히 붙이

<표 3-2 품종별 정식 거리>

조 만 성	이랑사이	포기사이	10a당 포기수
조생종(早生種)	75cm	45cm	2,930포기
중생종(中生種)	90	60	1,850
만생종(晚生種)	90	75	1,470

려면 미리 모판에 충분한 물주기를 해 두지 않으면 안된다. 정식 전일 저녁 때 약간의 물주기를 해 두었다가 그날 아침에는 밑에까지 잘 젖어들도록 한다. 모종을 뽑을 때는 모판의 흙이 거의 남지 않을 정도로 충분히 모판흙을 붙이도록 한다.

정식의 깊이도 너무 얕거나 또 너무 깊거나 하지 않도록 하는 주의가 필요하다. 정식 때는 아직 땅 온도도 충분하지 않으므로 깊게 심으면 뿌

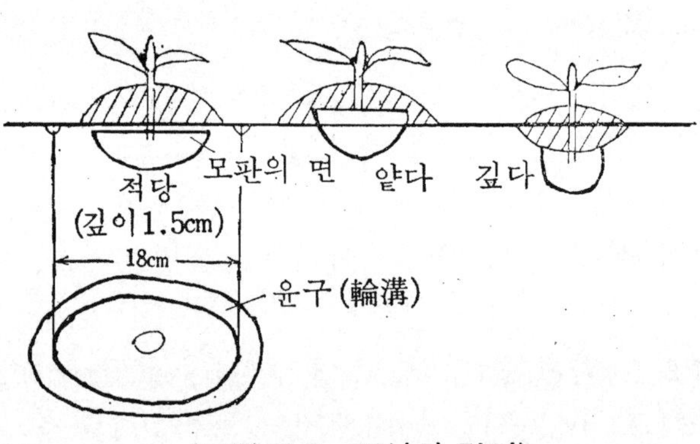

<그림 3-5 정식의 깊이>

리가 따뜻해지지 않아서 활착이 늦어진다. 너무 얕으면 모종이 흔들리기 쉽고 비가 오면 뿌리가 드러나고 넘어지기 쉽다. 또 북짓는 흙이 지면(地面)보다 약간 높게 되도록 구멍의 깊이를 적당히 가감해서 심는다.

심는 것이 끝나면 포기의 주위를 가볍게 눌려주고 포기 둘레에 직경 15~

<그림 3-6 심는 요령>

18cm의 홈을 파고 여기에 1리터 정도의 물을 주어서 작업을 마친다. 모종이 우수하고 밭의 물기가 적당하면 물을 줄 필요는 없다. 정식 후 밭이 건조해서 모종이 시들면 물주기를 한다. 또 보리짚으로 햇볕을 가려 주면 더욱 좋다.

(3) 시비(施肥)

① **3요소의 흡수량** 가지는 다른 열매 채소류에 비해서 상당히 수확 기간이 길고, 점점 가지(枝)가 불어나기 시작하면 거기에 따라서 열매가 많이 달리고 수확량이 늘어나게 된다. 토마토, 수박, 호박 같은 채소류처럼 거름이 너무 많아서 줄기가 시들거나 하는 일은 별로 없고 특히 질소 거름(窒素肥料)은 충분히 주어도 좋다. 짙은 거름을 함부로 주는 일이 없는 한 거름이 많다고 해서 피해를 입는 경우는 거의 없다. 물기와 볕쪼임이 충분할 때는 거름이 많으면 많을수록 그 성적이 올라간다. 넓은 면적에 적은 거름으로 재배하는 것보다는 그 거름을 적은 면적에 써서 수확량을 올리는 것이 이득이 될 것이다.

가지 포기에 영양이 좋지 않으면 꽃이 피어도

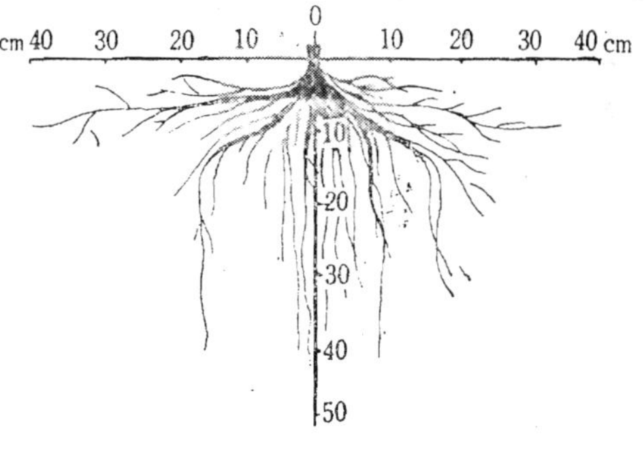

가지의 뿌리는 상당히 깊은 곳까지 뻗는다.

〈그림 3-7 가지의 뿌리 뻗음〉

착과(着果)가 어렵거나 열매의 자람도 늦어지고, 일정한 크기가 되자면 많은 시일이 걸린다. 그 때문에 모양도 나쁘고 색깔이 좋지 않으며 포기 세력이 심히 나빠진다. 이렇게 된 뒤에 갑자기 서둘러서 거름을 줘도 쉽게 회복되지 않고 수확량

은 심히 줄어든다. 따라서 나무의 영양 상태에 주의를 해서
거름이 떨어지지 않도록 항상 노력한다.

가지가 거름의 3성분을 어느 때 얼마만큼의 양을 흡수하는
가하는 것은 토질, 재배 조건, 발육 정도 등에 따라 차가 있

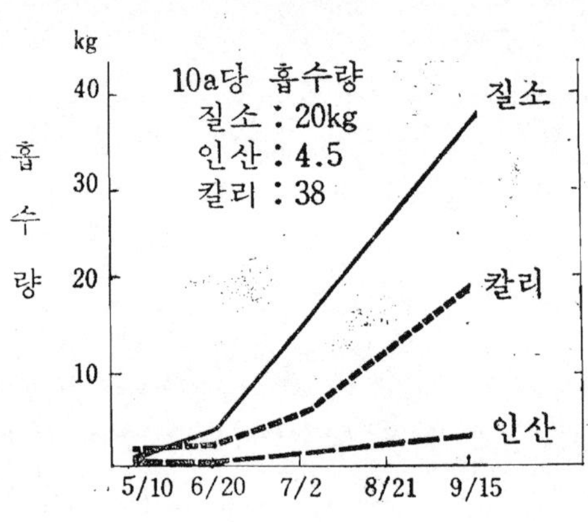

〈그림 3-8   3요소 흡수량(10a당)〉

는 것이다. 질소분은 자람
의 초기부터 상당히 흡수
하고 수확이 시작되면서부
터는 더욱 많이 흡수한다.
인산의 흡수량은 가장 적
고 전기 후기 다같이 별로
변화는 없다. 칼리는 수확
기부터 급격히 흡수량이
증가되고 그 뒤는 더욱 많
이 흡수한다.

질소의 흡수량은 10a당 20kg, 인산 4.5kg, 칼리는 38kg이
되고 있다.

그러나 이 흡수량은 밭과 작물의 작황(作況), 그 밖의 여러
가지 사정에 따라서 상당히 달라진다. 이 흡수의 모양과 거름
의 성질로 보아서 질소와 칼리는 밑거름(基肥)과 웃거름(追
肥)으로 사용하고 인산은 밑거름을 주로 해서 쓰는 것이 합리
적일 것이다.

② **시비량** 가지의 거름주기에 대한 대체의 윤곽은 알 수 있
게 되었으나 실제로 거름은 어느 정도의 양을 주는 것이 좋을
것인가.

가장 중요한 **질소는** 다른 열매채소와 같이 거름을 많이 주
었기 때문에 도리어 성적이 나쁘다는 경우는 좀처럼 없다. 필
요 없는 짓을 하지 않는 한 자꾸만 영양 생장을 시켜서 열매를

많이 맺게 하고 그 자람을 촉진하는 것이 수확량도 많고 품질도 좋다. 대개 질소는 26.25~30kg은 필요하고, 더욱 늦게까지 수확을 하려면 37.5kg 이상 주어도 좋다.

칼리는 흡수량은 많으나 흙 가운데도 일반적으로 많이 포함되어 있으므로 그렇게 많이 사용할 필요는 없다. 그러나 많은 질소분으로 재배하면 가지가 연약해서 바람에 흔들려 흠이 많은 열매를 맺게 되므로 어느 정도의 칼리분을 주어서 포기를 건전하게 육성할 것이 중요하다. 그러나 초기에 칼리를 과도히 사용하면 자람이 억제되고 또 유해한 경우도 있다. 질소 26.25~30kg의 경우라면 칼리는 15~18.7kg으로서 족하나, 질소가 37.5kg 이상인 때는 칼리는 26.25~30kg 쓰는 것이 좋을 것이다.

인산의 필요는 가장 적다. 더우기 두엄을 많이 쓰고 계분을 많이 사용할 때, 또는 나무재를 칼리 거름으로 사용할 경우에는 인산을 사용할 필요는 적다. 과용(過用)하면 색깔이 나빠지고 씨가 빨리 여문다. 인산은 질소 26.25~30kg, 칼리 15~18.7kg에 대해서 11.25~15kg으로 좋을 것이다. 그러나 특히 화산회토(火山灰土) 등으로 인산 결핍이 심한 밭에서는 상당한 양의 인산을 시용하여야 한다.

집약 재배(集約栽培)에서는 질소 37.5~48.75kg, 인산 18.75~22.5kg, 칼리 26.25~30kg으로서 극히 좋은 성적을 얻을 수도 있다.

이밖에 두엄을 2,625~3,000kg 이상 주는 것이 좋다. 두엄을 많이 주었을 때는 대단한 효과를 가져온다.

가지에서는 거름의 종류가 수확량이나 품질에 직접 영향을 준다는 것은 별로 생각할 수 없다. 즉 깻묵같은 것을 주로 쓰면 품질이 좋고 수확량이 많아서 그 효과가 대단히 큰 것처럼 보이나, 그것도 거름주는 방법에 따른 것으로 계분, 황산암모니아, 요소 등으로 거름주기의 시기와 양을 적당히 생각해서 쓰면 결코 수확량이 떨어지는 것은 아니다. 대체로 가지는 질소 거름을 많이 쓰는데, 깻묵 같은 것을 주로 사용하게 되면 거름값이 상당히 비싸게 든다. 따라서 깻묵 종류와 값이 싼 거름과를 적당히 조합하거나, 또 값이 싼 거름의 시용 방법을 합리적으로 실시함으로써 수확량을 올릴 수 있다.

풋마름병의 예방을 겸해서 석회질소를 사용하는 것은 대단히 좋다. 석회질소를 써서 발병을 완전하게 막을 수는 없다. 그러나 질소분의 증가로 자람을 촉진하게 되고, 또 다소의 소독 효과도 있어 발병을 늦추는 것은 많이 인정되고 있다. 10a당 75～150kg을 밑거름으로 주면 좋다. 소출이 많으면 밭 전면에 살포해서 깊이 간다. 37.5kg 이하의 양을 사용할 때는 거름주기 홈을 파거나, 또는 심는 구멍에 넣고 흙과 잘 섞는다. 석회질소가 굳지 않도록 주의하고, 또 정식 2주간 정도 앞에 거름을 주지 않으면 유해 가스의 발산으로 피해를 입으므로 조심한다.

대체로 조숙 재배 시비량의 기준은 다음 표와 같다.

〈표 3-3 조숙 재배 시비량의 예(1)〉(10a당/단위 kg)

거름종류	총량	기비	추비				3요소량
			1 회	2 회	3 회	4 회	
두 엄	1,500	1,500	—	—	—	—	
생 선 거 름	112.5	75	37.5	—	—	—	질소 : 23.625
깻 묵	75	—	—	37.5	37.5	—	인산 : 16.125
과린산석회	28.125	7.5	13.125	7.5	—	—	칼리 : 22.5
나 무 재	150	37.5	37.5	—	75	—	

〈표 3-4 조숙 재배 시비량의 예(2)〉(10a당/단위 kg)

거름종류	총량	기비	추 비				3요소량
			1 회	2 회	3 회	4 회	
두 엄	3,000	3,000	—	—	—	—	질소 : 36.375
과린산석회	37.5	37.5	—	—	—	—	인산 : 15.375
나 무 재	75	37.5	—	37.5	—	—	칼리 : 26.625

거름의 설계(設計)는 결코 엄중히 생각할 필요는 없다. 요는 될 수 있는대로 값이 헐한 것으로 많은 질소분을 주며, 그에 상당하는 인산, 칼리도 주는 것이면 좋다.

다만 두엄만은 꼭 많이 주도록 한다: 특히 밭이 매말라 있을 때와 건조되어 있을 경우에서는 두엄의 다소가 그 성적에 대단한 영향을 준다는 것을 잊어서는 안된다. 또 화학 거름을 많이 줄 때도 두엄을 많이 써야 유효하다는 것을 항상 염두에 두어야 한다.

가. 밑거름 거름주기를 가급적 넓고 깊게 하면 뿌리도 넓고 깊게 뻗어서 가뭄에 대한 저항력이 증가되어 다수확이 된다. 그러나 이와 같이 넓고 깊게 주는 것은 거름주는 양이 많은 경우에 한한 것이다. 거름주는 양이 적음에도 불구하고 넓고 깊이 시용하면 시초의 자람이 늦어지기 쉽고 수확이 오르지 않는 원인이 된다.

이와 같은 거름주기는 정식 반 개월 정도 전에 완성하도록 해야 한다. 정식 구멍에는 식부비(植付肥)를 주어서 초기의 자람을 촉진시킨다. 식부비에는 용성인비(熔性燐肥)나 과린산석회(過燐酸石灰)와 같은 속효성(速效性)의 인산 거름을 쓰고 밑거름으로 사용하는 거름주기량의 2할 정도를 따로 해 두었다가 쓰도록 한다. 또 잘 썩은 두엄과 닭똥을 한 주먹씩 주는 것도 좋다.

거름주기는 정식 7~10일 정도 앞이 좋다. 또 화학 거름이나 계분으로서는 물에 타서 정식할 때 물주는 대신에 사용해도 좋고, 계분은 5배액 정도, 황산암모니아는 물 한통에 한 주먹 정도, 과린산석회는 이것의 2분의 1정도가 적당량이라 하겠다.

　　나. 웃거름　처음 웃거름은 활착(活着) 후 10일 정도 지난 뒤 뿌리가 뻗어나기 시작할 때 포기의 둘레에 윤비(輪肥)로서 준다. 자람 상태가 나쁠 때에는 다시 포기 밑을 조금 파고 웃거름을 조금만 줘 보는 것도 좋다. 이후는 일찍 가지 포기의 영양 상태를 파악해서 그때그때 웃거름을 주도록 한다.

　　두번째 웃거름은 포기와 포기의 사이, 세번째는 보리를 수확한 뒤, 네번째는 그 반대 쪽에 줌과 동시에 북을 지어서 이랑을 만든다.

(4) 일반 관리(一般管理)

　① 가지고르기(整枝)와 순자르기(摘心)　가지(茄)는 특별한 가지고르기(整枝)를 하지 않아도 별로 지장이 없다. 그러나 빨리 우수한 열매를 얻기 위해서는 적당하게 가지고르기를 하고 지주를 세워서 나무가 흔들리지 않도록 한다.

　물론 조방 재배(粗放栽培)나 밀식한 경우는 이럴 필요는 없다.

　가지고르기 방법은 어미 가지(主枝)와 첫번째 꽃의 밑에서 나는 곁가지와 다시 그 하나 밑의 곁가지를 남겨 두고 그 밑에 있는 것은 어릴 때 끊어 버린다. 아랫쪽의 가지(枝)는 착과도 적고 품

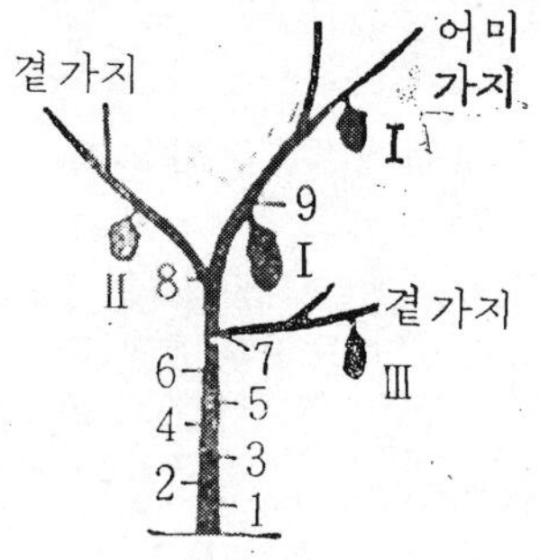

〈그림 3-9 가지고르기〉

질도 나쁘다.

이와 같이 3개 가지(三本枝)로 하고 그 뒤는 가지고르기를 하지 않는다. 그러나 가지밭이 너무 빽빽하면 안쪽의 가지(立枝)를 끊어서 가운데를 좀 틔어주도록 한다.　또 아무래도 끊어야 할 가지(枝)는 열매 위에서 두 잎 정도로 끊어버리며, 또 그 가지는 열매 수확과 같이 끊도록 한다.

경신 가지고르기는 포기 세력에도 따르나 아랫쪽에 막눈(不定芽)이 나와 있으면 이것으로 바꾸어도 좋다. 혹은 원가지(主枝) 곁가지(副主枝)의 가장 밑에 있는 세력이 강한 순으로 경신하여도 좋다.

가지고르기를 한 뒤 약 20일 후면 많은 새 순이 나므로 적당히 잘라준다. 가지고르기를 한 뒤에 한 달 정도 후이면 새 가지(新枝)에서 좋은 열매를 맺게 된다. 그러나 너무 늦은 경신은 무의미한 것으로 늦어도 8월 상순까지 하지 않으면 안된다.

② 중경 제초(中耕除草)　중경(中耕)은 웃거름 줄 때와 풀뽑기(除草) 작업 때 따라서 하게 되는 것이다. 이것은 토양(土壤)의 통기(通氣)를 좋게 하고, 뿌리의 활동을 좋게 한다.　그러나 너무 포기 밑을 깊이 중갈이해서 뿌리를 끊는 일이 없도록 주의한다. 그리고 가지의 뿌리가 발달된 후로는 깊은 중갈이를 삼가할 것이다. 그러나 경신 가지고르기(更新剪枝)를 행할 때는 깊은 중갈이를 해서 뿌리를 새로 내도록 하는 것이 좋다.

잡초는 해충의 집이 되므로 풀뽑기에 힘쓰도록 한다. 중경을 하면 저절로 제초 작업이 되나, 그 외에도 수시로 풀을 뽑아 주도록 한다.

③ 배토(培土)　배토는 뿌리의 활동을 활발히 한다. 가벼운 토질에서는 가지나무가 크면 바람에 넘어지기 쉬우므로 상당히 깊이 해 주는 것이 좋다. 그러나 어릴 때 너무 깊게 배토하면

땅 온도가 오르지 않으므로 도리어 자람이 늦어진다.

④ 짚깔기 가지는 특히 토양 수분(土壤水分)이 많은 것을 필요로 한다. 뿌리가 충분히 뻗은 뒤는 건조에 상당히 견디나, 건조가 심하면 열매의 자람이 나쁘고 윤택 없는 작은 열매가 많이 나온다. 또 낙과와 낙엽의 원인이 된다.

짚깔기는 정식 후 흙이 비에 튀어나오므로 이를 방지하기 위해서 포기 밑에만 엷게 깔아 둔다. 이 때 두꺼운 짚깔기는 땅 온도가 오르는 것을 방해하므로 오히려 불리하다.

깔아주는 짚은 볏짚이나 풀같은 것을 충분히 쓰도록 한다. 볏짚이나 풀이 아니면 보리짚도 좋다. 보리짚은 더욱 두껍게 깔아서 그 위에 적은 흙을 얹어 두면 한층 효과가 좋다.

⑤ 바람막이 가지는 강풍을 만나면 잎이나 꽃이 떨어지고 자람을 늦게 하며, 또 열매에 해를 주어서 겉모양이 좋지 않으므로 가지 재배에서는 특히 바람막이를 만드는 것이 중요하다. 둘레 전체나 혹은 강풍이 불어 오는 방향에 거적 같은 것으로 울타리를 만들어야 한다. 옥수수, 조, 수수 같은 것을 주위에 심는 것도 좋다.

⑥ 물주기 가지는 물이 편리한 곳이 아니면 다수확은 곤란하며, 물주기의 효과는 놀랄만한 것이다. 관수는 적어도 한번에 충분한 물을 주는 것이 유효하고, 물주는 양이 적으면 오히려 나쁜 영향을 가져오는 경우도 있다. 논같은 곳에서는 저녁때부터 이랑사이에 물을 넣어서 밤에 주는 것이 좋다. 발육 초기에 너무 물을 많이 주면 땅 온도가 내려서 오히려 나쁜 결과를 가져온다.

⑦ 잎따기 잎은 줄기를 굵고 하고 열매를 비대(肥大)시키는 중요한 기관이다. 그러나 밑에 있는 잎은 때에 따라 진딧물의 번식장이 되므로 약제 살포 전에 따버리는 것이 좋다. 다른

잎사귀는 될 수 있는대로 잘 보호하나 불필요한 잎은 순자르기나 갱신 가지고르기 할 때 가급적 조기에 정리하는 것이 좋다.

⑧ 낙화(落花)와 기형과(畸型果)의 대책　가지(茄)의 모종이 특히 불량하지 않으면 가지의 첫번째 꽃은 별로 떨어지는 일은 없다. 그러나 추위에는 비교적 약하므로 첫번째 꽃의 개화기에 너무 추우면 꽃이 떨어지거나 자람이 나쁜 기형과(畸型果)가 되거나 한다.

첫번째 꽃의 개화는 보통 정식한 뒤가 되는 수가 많다. 따라서 한낮의 최고 기온이 17~20도 정도 오를 무렵이 되어서 서서히 정식하는 것이 좋다. 정식 뒤 초기의 기온을 조금이라도 더 올리기 위해서 간단한 바람막이를 만드는 것도 좋을 것이다.

5. 병충해 방제(病蟲害防除)

(1) 병해(病害)의 방제

① 잘록병(立枯病)　파종 모판이나 제 1 회 이식상에서 발생하는 수가 많다. 모종이 크고 난 뒤에는 발생 않는 것이 보통이나 정식 뒤 잠시 발병하는 수도 있다. 가지 이외의 토마토, 감자, 채두 등 많은 작물에 발생한다. 균사(菌絲) 또는 균핵(菌核)이 흙속에 남아서 겨울을 나고 다음해 봄에

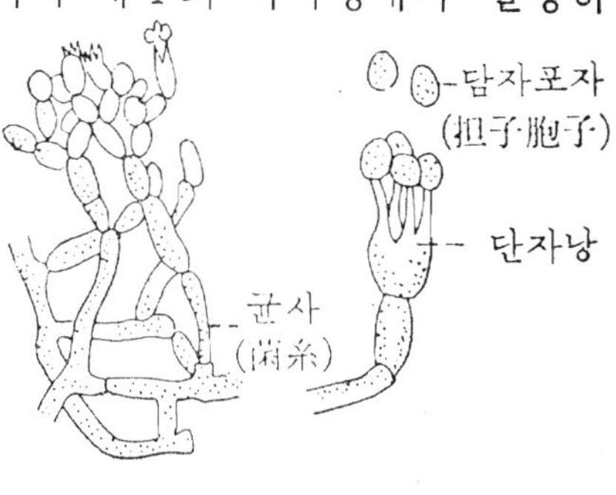

〈그림 3-10 잘록병균〉

모종에 **침범한다.**

　가. 증 상 줄기의 흙닿는 곳이 암갈색(暗褐色)이 되어 차츰 검은 빛이 되면서 시든다. 다습의 경우는 피해 부분에 곰팡이가 핀다. 처음에는 한낮에 시들고 밤에는 회복하게 되나 2～3일 지나면 비틀어져서 넘어지고 말라버린다.

　나. 방 제

○ 종자는 벤레이트 T 또는 부산 30에 약 30분간 침지하였다가 물에 씻어서 싹틔우기를 한다.

○ 모판흙은 해마다 병이 없는 것을 사용하는 것이 이상적이라 하겠으나, 그것이 불가능한 곳에서는 3～4년 묵혔다가 쓰도록 한다. 흙의 소독 방법으로서는 소량의 경우는 불에 태우거나 솥에 찌도록 하고, 다량의 경우는 모판흙을 뒤질 때 클로로피크린 혹은 포르말린을 사용해서 소독한다.

○ 산성토(酸性土)는 발병이 많으므로 모판흙에 재(木灰)나 석회 같은 것을 섞어서 쓴다.

○ 모종은 일찍부터 충분히 솎아서 강건하게 가꾸도록 하고, 습기가 많지 않도록 주의한다.

○ 발병하면 근처의 모종을 모판흙과 함께 버리고 그 주위의 모판흙에 다시 유황화(硫黃華)를 혼합하여 둔다. 발생이 심하면 가급적 빨리 다른 모판으로 이식하는 것이 좋다.

② 풋마름병(靑枯病) 땅 온도가 25도 이상 되어서 발병하는 것이 많고, 지하수가 높고 물빠짐이 나쁜 땅에 발생이 심하므로 이 점에 유의하여야 한다. 일종의 박테리아에 의해서 발생하게 되는 것이다.

병균은 피해 식물체(被害植物體)와 같이 흙가운데서 월동하고 다음해 줄기와 흙이 닿는 곳이나 또는 뿌리의 상처로부터 침입하게 된다. 가지 외에 토마토, 감자, 고추, 담배 같은 것에 많이 발생한다.

〈그림 3-11　풋마름병의 피해〉

가. 증 상　포기가 상당히 성장한 후 1~2번 수확이 끝날 때 잎이나 줄기가 시들면서 갑자기 생기(生氣)를 잃어 포기 전체가 시들어지고 만다. 뿌리의 한 부분이 갈색으로 변해서 썩으며, 특히 관다발 부분(維管束部)은 흑갈색이 되어서 고름 같은 유액(乳液)을 분비한다.

나. 방 제

○ 씨앗은 반드시 소독을 한다.

○ 발병이 많은 지대에서는 가급적 높은 이랑으로 해서 재배한다.

○ 흙으로 전염하는 것이므로 병든 것을 묻어버리거나 두엄에 섞는다든가 하는 일이 없도록 한다.

○ 가지과(茄科) 작물과는 적어도 4~5년의 돌려짓기를 하도록 한다.

○ 병균은 전적으로 상처로부터 침입하므로 정식, 시비, 중경(中耕) 등을 실시할 때는 뿌리에 상처를 내지 않도록 주의한다.

○ 발병 지대에서는 조생종을 가급적 조기 출하토록 힘쓰고, 발병기까지 상당한 수확량을 올리도록 한다. 또 병에 견딜 힘이 강한 것을 작은 모종(小苗)으로 하여 뿌리를 끊

지 않도록 해서 이식 재배한다.

③ **시들음병**(萎凋病)· 모판에서나 본포에 정식한 뒤에 발병하며, 그 병상(病狀)은 잘록병에 유사하다· 이 병은 진균(眞菌)의 기생에 의한 것으로서 병균은 흙속에 생존하고, 줄기에 침입해서 피해를 준다. 흙으로부터의 전염이나 씨앗에서도 전염하며, 씨앗에 병원균이 부착되어 있을 때는 모판에서 발생해서 본포에 넓혀진다.

가. 증 상 이 병이 풋마름병과 다른 점은 시들음이 느리고, 밑에 있는 잎사귀부터 시작하며, 또 비교적 낮은 온도의 시기부터 시작한다. 또 발생은 점점이 여기 저기에 발생하고, 발생한 포기를 중심으로 해서 3∼4포기 정도 밖에 전염함에 지나지 않는다. 풋마름병은 줄기의 횡단면(橫斷面)으로부터 오즙(汚汁)을 나타내나, 이 병은 물관부에 갈색의 곰팡이를 나타낸다.

나. 방 제

○ 씨앗 소독을 엄격히 실시한다.

○ 피해를 입은 포기는 빨리 뽑아서 태워버린다.

④ **갈색무늬병**(褐紋病) 모종 때부터 발생하며 7∼8월경부터 심하게 되고, 특히 결실기(結實期)부터 채종기까지는 잎사귀나 줄기 혹은 과실에 훨씬 많은 피해를 주게 된다.

이 병은 가지만을 침범한다. 특히 따뜻한 지방에 발생이 많으며, 그 가운데도 채종용의 가지 재배에는 크나큰 장애가 된다. 병원균은 30도 정도의 온도에서 자람이 적당하다. 병원균은 피해 포기나 흙속에서 월동하고 다음 해에 발병한다. 또 씨앗 전염을 해서 어린 모종이 피해를 입는 수도 있다. 과실에 발생한 것은 공기 전염을 해서 그 해에 발병하여 큰 피해를 주게 된다.

가. 증 상 모종의 경우는 땅섶에 발생하여 가늘게 말라 버리므로 잘록병과 혼동할 때가 많으나, 이 병의 경우는 병자기(柄子器)가 검은 낱으로 나타난다. 잎에서는 창백색 또는 갈색의 병반점(病斑點)을 내고, 점점 커서 회색이 되어 동심원상(同心圓狀)의 둥근 무늬가 된다. 병이 경과하면 중심부가 회색이 되고 표면에 검은 빛의 작은 반점이 발생된다. 과실에서는 타원형(楕圓形) 혹은 원형(圓形)으로 갈색의 오목한 병반을 나타내고, 그 위에 선명한 동심원상(同心圓狀)의 둥근무늬를 만들며, 다시 그 위에 작은 검은 낱을 많이 형성한다.

나. 방 제

○ 씨앗 전염을 하므로 씨앗은 벤레이트 T에 40~50분간 담구거나 혹은 포르말린으로 소독한다.

○ 약제 살포는 6—6식 정도의 보르도액으로 행하나, 개화시의 살포는 가급적 피하는 것이 좋다. 또 보르도액으로 인하여 붉은 진드기가 발생할 때도 가끔 있으므로 약제를 살포하여 처리한다.

○ 윤작(輪作)을 실시한다.

⑤ 갈색둥근무늬병(褐色圓星病) 8~9월경부터 초가을에 걸쳐서 그 피해가 대단히 심하다.

가. 증 상 처음에는 암갈색의 작은 반점이 생기고, 그 뒤에 회갈색(灰褐色) 또는 암회색이 되어 원형이나 타원형의 병반(病斑)이 생긴다. 주로 밑 잎사귀에 발생이 많고, 발병이 심한 것은 잎이 마른다. 거름 부족으로 인한 쇠약한 나무에 발생하기 쉽다.

나. 방 제

○ 방제법으로서는 7월 하순부터 약제 살포를 행한다.

○ 거름이 모자라는 일이 없도록 웃거름을 수시로 주고, 두

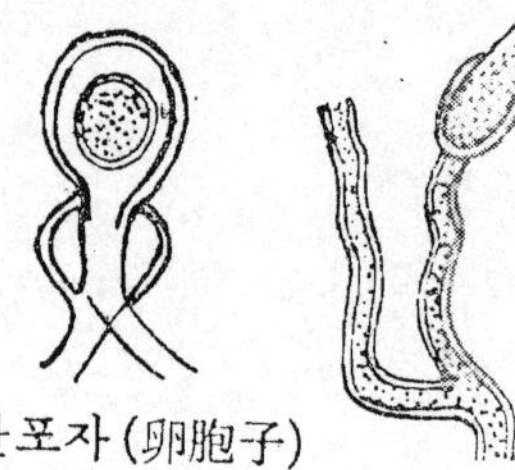

난포자 (卵胞子)
(흙속에 월동)   분생자
(제 2 차전염)

〈그림 3-12 솜역병의
포자(胞子)〉

엄을 많이 넣어 주면 발생은 적다.

⑥ 기타의 병해 과실에 주로 발생하는 솜역병(綿疫病), 역병(疫病), 갈색썩음병(褐色腐敗病), 줄기에 많은 균핵병(菌核病), 나무 전체에 침범하는 흑고병(黑枯病) 등은 갈색무늬병의 방제법에 준한다.

(2) 충해(蟲害)의 방제

① 뿌리혹선충(根瘤線虫) 저온 때에는 발생이 적으나, 고온이 되면 맹렬한 위세를 보인다. 토질로서는 물기가 많은 곳, 논의 앞그루, 논과 밭의 윤환작(輪換作)을 행할 때는 피해가 적고, 건조지에서는 피해가 많다.

또 상당히 넓은 범위의 식물에 기생한다. 이것이 발생하면 해마다 심해지는 경향이 있으므로 앞그루(前作)나 뒷그루(後作)도 고려하지 않으면 안된다.

가. 생태와 피해 뿌리에 선충(線虫)이 기생하고, 그 자극으로 인해서 생기는 불규칙한 혹 때문에 뿌리의 자람 기능이 현저한 저해(沮害)를 입어 지상부의 자람이 늦고 쇠약해지며 심할 때에는 말라버린다.

나. 방 제

○ 두엄을 많이 사용한다.

○ 화본과(禾本科) 작물을 2~3년 재배한다.

○ 제초를 철저히 하여 기생처를 없앤다.

○ 약제에 의한 방법으로서는 작은 면적일 때에는 포르말린 20배액을 살포하거나 클로로피크린으로 소독한다. 포장(圃場)에서는 테믹, DD, EDB 등이 상당히 효과적이다.

② 응애(赤壁虱)　7월 이후 여름철의 건조기에 발생이 많다.

　가. 생태와 피해　잎의 뒷면에 기생하여 즙액을 흡수한다. 빨간색의 아주 작은 벌레이며, 이것이 번식하면 잎은 누렇게 되고 심하면 낙엽이 된다.

　나. 방　제

○ 건조기에는 관수를 철저히 한다.

○ 구제(驅除)에는 석회유황합제(石灰硫黃合劑), 퀼센, 살 비란 등이 특효약이고 그 약액으로 잎 뒤를 씻어 준다.

③ 진딧물　온상 시대부터 7월경에 걸쳐서 비교적 빨리 발 생한다. 특히 사이짓기한 보리 같은 것을 수확하고 난 뒤 이 동해서 갑자기 많아지는 수도 있다.

　가. 생태와 피해　엄지와 애벌레가 잎뒷면, 꽃봉오리, 햇순, 어린 가지과실 등에 모여서 양분을 빨아 먹기 때문에 잎은 오 므라들고 생기가 없어져 끝내 말라 죽게 된다. 특히 여름 가 뭄이 계속될 때에 더욱 심하다. 또 비루스병을 전염시키고 그 을음병도 발생시킨다.

　나. 방　제

○ 밑잎사귀에 발생했을 때는 따버린다.

○ 구제법으로서는 메타시스톡스, 피리모 1000배액을 잎사 귀 뒤에 뿌려서 씻어 준다.

④ 무당벌레　대개는 감자의 수확 후 거기에 모였던 애벌레가 이동해서 큰 피해를 가져오는 수가 있다. 급격히 큰 피해를 입게 되나 발생기가 한정되어 있다.

　가. 생태와 피해　성충(成虫)은 28개의 크고 작은 흑점이 있 으며, 잎의 뒷면에 산란한다. 성충과 유충이 잎의 뒷면에서 식해한다.

나. 방 제

○ 가지의 잎 뒷면에 산란한 것이 발견되는 즉시 이것을 구제한다.

○ 약제를 살포한다.

6. 수확(收穫)과 출하(出荷)

(1) 수확(收穫)

가지는 어느 것이나 미숙(未熟)한 가운데 수확하게 된다. 그래서 과실(果實)은 언제 어느 정도의 크기가 되고, 어떤 모양으로 자람이 진행되는가를 알아 두는 것이 중요하다.

수확의 크기는 품종, 지방의 기호(嗜好), 용도 등에 따라 다르다. 항상 나무의 영양 상태와 소비자의 기호를 참고로 해서 수확하는 열매의 크기를 결정할 것이다. 따라서 일정한 수확의 크기를 결정한다는 것은 불합리한 것이다. 일단 조생 계통은 50~80g, 중생 계통은 50~100g, 만생 계통은 100~200g 정도의 것이 표준이다.

초기는 열매의 자람이 늦으므로 대체로 4~5일에서 1주간마다 수확하고, 차츰 온도가 오르면 열매의 자람이 빨라지므로 수확도 2~3일마다 하게 된다. 최성기에는 매일같이 따지 않으면 크기가 고르지 않게 된다.

수확은 이른 아침 시원할 때 하는 것이 좋다. 고온이 되어서 수확하면 수송 중이나 판매시에 겉모양을 다치기 쉽고 품질을 떨어뜨리기 쉽다. 열매꼭지가 연한 품종은 손으로 비틀어 딸 수도 있으나, 보통은 가위로 열매꼭지의 가운데를 끊는다. 과실은 상처가 나지 않도록 극히 공들여 취급하지 않으면 뒤에 상처입은 자리가 갈색으로 변하게 된다.

(2) 출하(出荷)

가까운 곳에는 개인 출하가 많은 관계로 선별(選別)이나 용기(用器) 같은 것이 모두 다르나, 대나무 광주리나 사과 상자 같은 것에 짚이나 보릿짚 혹은 풀같은 것을 깔고 여기에 가지꼭지를 일정한 방향으로 해서 출하하는 것이 많다.

먼 거리에 운반하는 경우는 사과 상자 같은 것을 사용하며, 꼭지를 짧게 끊고 상자 안에 비늘 모양(鱗形)으로 채워 넣는다. 상자는 대개 22.5kg 넣어서 보통 300~330개 들어간다.

성과기(盛果期)의 출하에는 수송 중에 부패하는 것이 있다. 이것은 주로 솜역병(綿疫病)으로 인하여 생기는 것으로, 이것을 방제하려면 이른 아침에 수확해서 과실 온도(果溫)의 오름을 막아야 한다. 가지 밭에서의 부패과의 처분을 철저히 하도록 한다.

7. 여러 가지 재배형(栽培型)

앞에서 가지의 조숙 재배에 관하여 중점적으로 설명하였으므로 여기서는 그 밖의 재배에 관해서 설명하기로 한다.

(1) 촉성 재배(促成栽培)

가지는 무엇보다도 고온을 요하게 되고, 재배 기간도 길다. 더우기 충분한 일광에 닿지 않으면 좋은 빛깔이 나지 않으므로 촉성 재배는 매우 곤란하다.

따라서 온천열(溫泉熱)을 이용하는 것은 대단히 좋다고 하겠으나 이것은 특수한 지대에 한한 것이다. 비닐 하우스라도 보일러를 설비해서 가온(加溫)하지 않으면 무리한 것이다. 또 이것도 따뜻한 지방(溫暖地)에 한한 것이다.

한편 도시 근교에서 온실 재배를 해서 기업적(企業的)으로 재배하기도 한다. 이와 같은 것은 다른 채소나 꽃나무 등과 유기적인 결합이 많고 전업적(專業的)인 것은 대단히 적다. 이와 같은 곳에서는 고도의 기술을 살려서 우량품을 생산해서 수송이 용이하다는 유리한 조건을 살려서 생산을 하고 있는 것이다. 이들 지방에서도 연료비(燃料費)의 관계도 있으므로 출하하기는 특수 온난지(特殊溫暖地)보다도 다소 늦으며 반촉성에 가까울 정도이다.

① 비닐 하우스 촉성 재배 온실 촉성을 한다고 해도 다른 열매채소와 같이 일반적으로 보통의 온실 경영을 취한다는 것은 심히 위험한 것이다. 온실의 구조는 특히 볕쪼임을 충분히 받을 수 있도록 한다는 것이 제일 중요하다. 대개의 경우는 지붕을 동서(東西)로 하거나 혹은 남향의 드리쿼터식(3/4式)으로 건설하고 있으며, 지방에 따라 다소 차이도 있다.

가. 설비(設備) 대개 간단한 온탕식(溫湯式) 보일러로 가온(加溫)하고 있다. 방안 중앙의 높이는 150cm이고 90×180cm의 창문을 양지붕으로 하는 것과 양쪽의 지붕과 같은 길이의 창문을 쓰지 않고 4분의 3만을 한 것 등이 있다. 옆벽의 높이는 90cm이고 90×120cm의 창문을 만들고 있다.

비닐 하우스의 길이는 18~27m가 보통이나 너무 길면 온도의 유지가 곤란하다.

재배가 장기간에 걸치는 관계로 지붕의 방향은 남북으로 긴 것이 많다.

가온(加溫)은 엷은 철판으로 만든 간단한 온탕식(溫湯式)보일러를 쓰고, 4본의 직경 4.5~6cm의 파이프를 배치한다. 보일러 1기(基)로 3실(室), 창문 300매 안팎의 가온이 가능하다. 연료는 연탄 같은 것을 사용하는 것이 무엇보다도 경제적이다.

또 밤이 추울 때는 이중으로 덮개를 덮어야 하므로 거적이 3.3m²당 6장 쯤 필요하다.

나. 재배법

(가) 육 묘 파종기는 9월 상순~10월 상순이다. 일찍 뿌린 것은 노지(露地)에 모판을 설치하고, 늦뿌리기의 경우는 창문으로 덮은 냉상(冷床)에 뿌린다. 발열물 없는 온상 내에 이식을 4회 행한다.

(나) 정 식 12월 중순~1월 상순에 비닐 하우스 안에 정식한다. 정식 때의 모종의 크기는 상당히 크며, 1회 열매의 수확이 끝난 것을 정식하게 된다. 창문 한 장에 3포기 비율로 어긋매김의 두 줄 심기(二條植)로 한다. 모판흙은 이어 짓기로 하면 병충해의 피해가 없도록 철저한 주의를 할 필요가 있다.

(다) 시 비 거름은 대개 깻묵을 전용 밑거름으로 하고, 한 창문당에 3kg을 사용한다. 정식 후 10일 정도 되어서 첫번째의 웃거름(追肥)을 주고, 두번째는 정식 뒤 30일 정도에 모판 전면에 살포한다.

그 뒤는 일 개월 정도마다 전후 5회 가량의 웃거름을 주도록한다.

(라) 일반 관리 온도 조절, 환기, 물주기가 중요하다. 덮개는 오후 3시경 이중으로 덮고, 아침 8시반경에 걸어 둔다. 덮개를 덮으면 보일러와 파이프의 수량(水量)을 점검(點檢)하고 보일러 안의 탕온(湯溫)을 90도 가까이 올린다. 환기는 1~2월은 거의 필요 없으나, 3월부터는 한낮에 고온 다습이 되는 수가 많으므로 낮이 따뜻할 때를 보아서 창문을 열어서 환기를 하여야 한다. 5월에 들면 한낮에는 창문을 제거하고

<그림 **3-13** 잎따기에 의한 통풍과 채광이
좋은 촉성 재배 가지>

직사광선을 받도록 하며, 하순에는 이것을 완전히 제거해버린다. 이때 건조하기 쉬우므로 충분한 물주기가 필요하다.

또 잎이 무성하면 통풍과 볕쪼임이 나쁘므로 간혹 많은 잎따기(摘葉)를 행하여 통풍과 채광(採光)을 피하여 착색을 좋게 하도록 노력한다.

다. 수확과 출하 수확 시초는 1월 상순으로 6월 하순까지 수확을 계속한다. 열매의 크기는 처음은 20g 정도로부터 차츰 크게 해서 50~75g 정도로 한다. 수확은 될 수 있는대로 아침 서리가 말랐을 때 가위로 끊어서 취하고, 공들여서 그릇에 담아 선별(選別)한 뒤 출하한다.

출하는 상자에 담도록 하며, 꼭지는 길이 3cm로 끊어서 담는다. 5월까지는 가지 하나하나에 포장지로 싼다. 수확량은 창문 한 장에 300~400개로 3.3m²당 수확량은 37.5~75kg 정도라고 한다.

② **온상 촉성 재배**(溫床促成栽培) 일본의 경우 촉성 재배는 온천 지대에서 일부 행하고 있을 따름이다. 이것은 온천열을 이용한 천혜(天惠)의 조건이 구비된 점이라 하겠다. 그러나 이 지대는 습전 지대(濕田地帶)로 물빠짐이 나쁘고, 모판흙의 소

독에 많은 노력이 요하는 등의 경영상 불리한 조건이 있는 관계로 시설에 상당한 연구를 가하고 있는 형편이다.

　　가. 설 비 일부 온천 지대의 지방에서 행하고 있는 것을 소개하면 온상틀(溫床框)은 특수한 것으로 길이는 한 틀(一框) 18m 단위의 콩크리이트제이다. 앞벽이 50cm, 뒷벽이 70cm 정도이다.

　　탕물(湯水)을 끌어 오기 위한 유도 고랑(誘導溝)은 앞벽에 붙인 것 하나와 중앙에 설치한 것 모두 두 개를 둔다. 육묘와 재배 모두 같이 동일한 플레임을 이용하나, 육묘의 경우는 유도 고랑(誘導溝)의 상단(上端)에 붙혀서 나무 조각이나 통나무같은 것을 걸치고, 그 위에 보릿짚을 깔아서 모판흙을 넣는다. 정식상(定植床)에서는 밑에 통나무를 깔고, 그 위에 통대나무나 판자를 펴서 다시 짚을 깔아 모판흙의 두께 21cm 정도로 흙을 넣는다.

　　나. 재배법

　　(가) 육 묘 파종은 8월 15일 경에 행하고 있다. 상자뿌림(箱播)을 해서 그대로 정식용의 플레임 안에 넣어 둔다.

<표 **3-5** 이식의 요령>

이식 ＼ 항목	모판흙 두께	이식거리	모종의 크기	이 식 시 기
제 1 회 이식	7.5cm	6×6cm	제 1 본잎이 좁쌀알 크기일 때	싹튼 뒤 1주일
제 2 회 이식	9	12×9	본잎이 3장 나올 무렵	제 1 회 이식 뒤 2주일째
제 3 회 이식	15	21×18	본잎 5장 때	제 2 회 이식 뒤 10일째 경

　　이식은 세 번 실시하고 그 요령은 위의 〈표 3-5〉와 같다.

　　(나) 정 식 10월 하순~11월 상순으로 첫번째 꽃의 개화 시초에 행한다. 포기사이 36cm로 두 줄 심기(二條植)로 하고,

첫번 꽃의 위치가 남쪽이 되도록 심는다.

(다) 시 비 생육 기간이 패 길고, 또 모판흙의 연용(連用)이 많은 관계로 거름은 깻묵이나 쌀겨 등의 유기질거름(有機質肥料)을 주체로 하고, 화학거름(化學肥料)은 웃거름(追肥)만으로 사용하고 있다.

웃거름을 주는 시기는 1회는 11월 중순이 되며, 그 뒤는 대개 15일 간격으로 행하고 있다.

(라) 일반 관리 재배 중의 관리로는 밤 온도는 20도를 최저 한계로 해서 보온에 힘쓰며, 낮은 27도가 넘으면 환기를 하여 준다. 온도 조절은 탕수량(湯水量)의 조절과 환기 및 밤의 덮개 등에 의하고 체험적(體驗的)인 감각(感覺)과 기술에 의해서 행하고 있다.

또 광선이 약하면 낙화가 많아지고 열매의 착색에 크게 영향되는 것이므로 채광에 상당한 관심을 가지고 주의하지 않으면 올바른 관리가 될 수 없다.

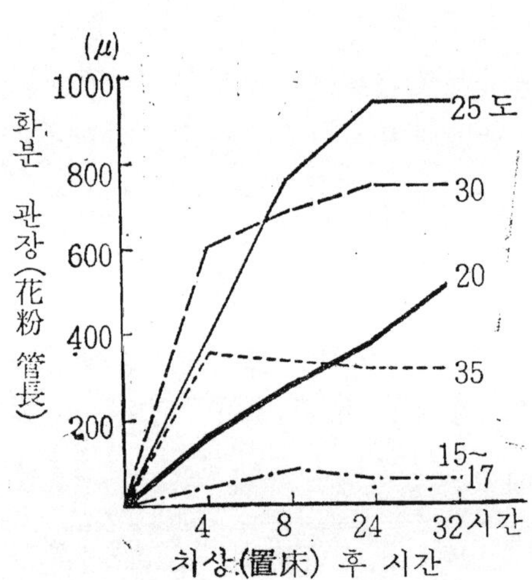

〈그림 3-14 온도의 변화와 화분의 신장 상태〉

다. 수확과 출하 수확은 1월 상순경부터 시작된다. 이 때는 13~14일 정도로 딸 수 있으나, 엄동기(嚴冬期)에는 15일 이상을 요하게 된다. 또 낙화 관계로 갯수가 줄게 되나, 3월에 들면 다시 증가된다. 수확의 종료는 해에 따라 다르나 대체로 5월 말이 된다. 한 포기의 수확량은 평균 30개 정도이다.

(2) 반축성 재배(半促成栽培)

따뜻한 지방의 온도가 오르기 쉬운 곳에서 페이퍼 하우스나 발열물을 넣은 플레임에 정식하여, 그 뒤 당분간은 가온(加溫)과 보온(保溫)을 해서 조기(早期) 출하를 목적으로 하는 재배 방법이다.

한편 수요 방면으로는 겨울에는 그 요구가 적으며, 고생하여 엄동기에 생산하더라도 별로 좋은 것을 만들 수 없다. 결국 가격도 별로 비싸지 않으므로 특별한 곳이 아니면 수지면이 맞지 않는 경우가 많다.

① 비닐 하우스 반축성 재배

가. 설 비 비닐 하우스는 창문을 조합했을 뿐이므로 간단하고 경비도 크게 들지 않는다. 그러나 가지는 상당히 고온을 좋아하고, 더욱 재배 기간이 길므로 토마토나 오이처럼 간단히 재배되지는 않는다. 비닐 하우스는 온실과 달라 해마다 재배지를 이동해서 설치할 수 있으므로 가지와 같이 이어 짓기가 되지 않는 것을 재배하기에는 상당히 편리한 점이 있는 것이다.

비닐 하우스의 구조는 옆벽 90cm 폭, 길이 180cm의 창문을 가로로 사용한다. 지붕은 같은 창문을 양쪽에서 두 장 합쳐서 세로로 씌워 덮은 것이 많다. 하우스의 길이는 창문의 장수에 따라 다르나 대체로 18~21m 가 적당할 것이다. 이 창문에 맞추어서 토대(土臺), 기둥(柱), 댓마루(棟木)를 조합해서 만든다.

비닐의 경우는 창살 없이 그대로 사용하는 수도 있다. 예정한 장소에 설치하기 전에 중앙에 30~60cm를 통로로 해서 남겨두는 좌우의 모판에 세 포기마다 깊이 30cm 정도의 흠을 파서 여기에 발열물을 밟아 넣는다. 발열물의 밑거름이 될 수도 있도록 완숙한 두엄을 사용한다.

나. 재배법

(가) 육 묘 파종은 10월 중순~11월 상순에 걸쳐서 상자뿌림(箱播)을 하고, 그 뒤 발열물이 없는 온상에 두 번 이식한다.

(나) 정 식 정식기는 1월 하순~2월 상순이고, 양쪽 지붕식의 발열물이 없고, 가온(加溫)도 하지 않은 비닐 하우스에 포기사이 45~60cm의 거리로 정식한다.

(다) 일반 관리 관리는 온상과 노지 재배(露地栽培)의 중간의 기분으로 항상 세심한 주의를 가지고 하지 않으면 안된다. 꽃피는 시기까지는 밀폐해서 고온 다습해도 좋으나, 개화기 이후는 광선이 약한 관계로 낙화가 많으므로 구멍을 뚫어서 통풍을 꾀하고 수정(受精)에 주의하지 않으면 안된다. 바깥기온이 충분히 따뜻해지고 난 뒤부터는 서서히 창문을 열고차츰 이것을 전부 제거해서 보통 재배와 같이 한다. 또 그렇게 함으로써 포기의 자람도 충분히 되고 수확량도 많아진다.

다. 수 확 4월 하순에 실시한다.

② 온상 반촉성 재배(溫床半促成栽培) 온상에 의한 반촉성은 도중에 온상이 중단되므로 너무 빨리 시작하면 도리어 불리하게 된다. 즉 정식상(定植床)의 상온 유지 기간(床溫維持期間)을 30~40일로 하면 정식은 노지 정식의 일 개월 정도 앞이 적당하다. 그러므로 노지 재배의 경우에 비해서 파종 시기는 1개월 반 가량 앞서 실시하면 좋을 것이다.

가. 설 비 정식(定植)틀은 종래 사용하여 온 온상틀을 이용해도 좋으나, 틀을 너무 낮게 설치하지 말아야 한다. 또 뒤에 점점 자라감에 따라 틀을 높여가는 관계로 발이 달린 것이

편리하고 좋다. 폭 120cm, 길이 360cm 네 장의 유리창으로 만든 것이 표준이다. 판자의 폭은 앞이 24cm, 뒤가 39cm, 두께가 2.4mm 정도 혹은 1.5mm 정도이면 족하다.

상틀은 동서로 설치해서 좌우로 밀접시키고, 통로로 줄 가운데에 90~120cm의 거리를 둔다. 모판 안에 광선을 넣을 때는 유리창을 벗겨 둘 수 있도록 하는 것이 좋다.

숙련자가 취급할 수 있는 상틀 수는 약 30틀 정도이다. 너무 적으면 귀찮고, 너무 많으면 손이 모자라게 된다. 초심자(初心者)는 3~5틀 정도로 시작해서 해마다 상틀 수를 증가하여 가는 방법이 안전할 것이다.

나. 재배법

(가) 육 묘 엄동기부터 육묘되므로 특히 보온에 주의한다. 또 육묘 기간이 길므로 이식도 자연 2~3번 행하지 않으면 열의 관리가 되지 않는다. 처음부터 저온으로 가꾸면 그것으로 튼튼하게 자라나, 모종이 위축되는 일이 있으면 정식 후의 자람이 나빠져서 조기 출하의 뜻을 이루지 못하게 되고 만다. 그러므로 고온 육묘로 해서 언제나 20도 이하가 되지 않도록 주의하지 않으면 좋은 결과를 얻기 어렵다.

(나) 정 식 정식은 따뜻한 날을 택해서 모종의 뿌리가 상하지 않도록 충분히 흙을 붙여서 한 포기씩 공을 드려 심고, 더운 물을 포기 주위에 뿌려 준다. 정식 거리는 두 줄로 포기 사이 45cm 정도로 한다. 또 남쪽은 그늘이 지므로 넓게 하고 북쪽은 좁게 한다.

정식 모판의 발열물은 충분히 **하는** 것이 좋으나 재료의 관계도 있으므로 온상틀 안에 두 줄 심기(二條植)의 이랑이 되는 부분의 밑에만 밟아 넣어도 좋다.

(다) 일반 관리 충분히 따뜻해져서 2~3개의 열매를 따고

난 뒤 창문 안에 두기가 곤란하면 우선 상틀을 위로 뽑아올리고 밑에서 통풍시키며, 다음에는 창문을 떼어버린다. 그러나 이 때 찬 바람에 닿지 않도록 주의하여 서서히 대기에 익숙해가는 것을 보아 행하지 않으면 안된다.

이 때도 개화기의 온도에 주의하지 않으면 안된다. 또 습기가 너무 많아서 꽃가루가 생기지 않고 수정(受精)이 되지 않는 일이 없도록 주의하여야 한다.

(3) 터널 재배

조숙 재배(早熟栽培)를 더욱 강화해서 조기(早期)의 생산을 많이 내려면 터널 재배를 하는 것이 좋다. 최근 비닐을 이용한 터널 재배가 급속히 보급되고 있는 것을 볼 수 있으며, 특수 재배 방법으로서는 가장 취하기 좋고 또 대단히 유리한 방법이다.

① 설비(設備) 정식 뒤의 피복 기간(被覆期間)은 길어서 1개월 정도이므로 극히 간단한 보온 조작(保溫操作)이라 하겠다. 그러나 아직 날씨가 춥고 서리의 걱정도 있는 3월 중순경에 정식하게 되므로 터널 안의 온도, 습도, 광선 등의 조건이 작물의 자람을 해치지 않도록 자재의 선택과 사용에 신중을 기하여야 한다.

특히 비닐의 사용으로 조기에 시설을 할 수 있게 되었다. 그러나 현재로서는 일시에 경비가 많이 들므로 대규모의 사용은 쉬운 일이 아니다. 그 밖의 자재로서는 대나무, 짚, 거적같은 준비가 필요하다.

② 재배법(栽培法)

(가) 육 묘 조숙 재배에 준해서 하면 되나, 파종은 대체로 반 개월 이상 빠르게 된다,

(나) **정 식**　정식을 위한 밭은 먼저 방풍과 방한의 목적으로 적당한 간작물의 준비가 필요하며,　105cm 이랑에　보리를 뿌리는 경우가 많다.

비닐을 사용하기 때문에　온도가　많이　오른다고　해서　너무 빨리 정식하면 아무래도 **추위해(寒害)**를 입기 쉽다.　조식(早植)하였을 경우는 먼저 비닐을 밭에 덮어서 땅 온도를 높이고 난 뒤에 정식하며, 밤에는 거적을 덮지 않으면 무리인 것이다. 따라서 정식기는 빨라도 노지보다 한 달 앞이나 20일 앞이 무난할 것이다.

(다) **시 비**　터널 안이 건조하므로 웃거름은 물거름(液肥)으로 해서 물주기를 겸하도록 한다.

(라) **일반 관리**　비닐은 고온으로 인해서 마르는 수가 종종 있으므로 터널의 꼭지에 짚을 엷게 덮든가 한다.　또 온도가 올라서 거적을 덮지 않을 때 서리가 내렸을 경우 비닐에 모종이 닿으면 그 부분은 동해(凍害)를 받게 되므로 주의를 요한다.

피복 기간중의 물주기(灌水),　보온, 환기, 약제 살포 등의 관리는 항상 자람 상태를 관찰하고,　기후 상태와 합하여 생각해서 행할 필요가 있다.　또 약제 살포는 가루를 사용하면 편리하다.

4월 중순 이후가 되어 밤낮의 기온이 높아지면 자람도 왕성해지고 줄기나 잎도 무성해진다. 이 때가 되어서 늦서리의 피해가 없어지면 비닐 끝을 말아 올려서 바깥 기온에 단련시키면서 점차 이것을 제거하여 간다.

(4) 억제 재배(抑制栽培)

8월 중순 이후의 평탄지(平坦地)의 생산은 한여름의 고온과 건조 때문에 품질이 불량해진다. 또 특히 조숙 재배가 성한 지대에서는 이 때가 되면 출하량이 극히 적어진다. 그래서 이 이후의 출하를 노리는 것이 억제 재배 방법이다.

재배는 대체로 바로 뿌림법을 취하나, 포장(圃場)의 관계로 냉상 육묘를 하게 된다. 육묘 중 특히 잘록병과 풋마름병에 곤란을 받는다. 모판 흙의 물빠짐과 통기를 잘 조절하면 훨씬 피해가 적어지므로 모판을 15∼18cm로 파 낮추고 짚을 깔아서 그 위에 모판흙을 얹으면 좋다.

또 정식기가 덥고, 활착(活着)에 곤란하므로 갠모판(練床)으로 하거나 또는 모판흙을 꼭꼭 밟고 여기에 씨를 뿌려서 정식 때는 칼로 쪼개서 심는 것도 좋다.

씨뿌린 뒤 2개월이 첫 거두기가 되는 것이 보통이나, 늦으면 수확 기간이 짧아지므로 6월 중에 파종하지 않으면 수확량이 적어서 경영상 불리하다.

품종은 특히 늦지 않는 한 만생종의 더위에 견딜 힘이 강한 것을 선택하고 재배법은 보통 재배에 준한다. 어릴 때에 내습하는 태풍의 피해를 피하도록 유의할 필요가 있다.

(5) 직파 재배(直播栽培)

직파 재배는 종래에 냉상(冷床)을 만들어 직파(直播)하는 방법이다. 냉상을 만든다고는 하나 특별한 것이 아니고 농가 마당이나 밭의 한 모퉁이에 파종하는 것이다. 육묘 기간은 40∼50일 정도이며, 당연히 조숙 재배보다 수확기가 늦다.

딸 기

1. 재배 경영상의 특성

딸기는 장미과에 속하는 다년생 식물이다. 딸기는 종류에 따라 원산지를 유럽과 아프리카로 크게 나눌 수 있다. 흔히 양딸기라고 부르는 것은 그것이 서양에서 우리 나라에 들어 왔기 때문이다.

(1) 성상(性狀)

딸기는 엽부(葉部), 관부(冠部), 근부(根部)로 되어 있으며, 잎은 3소엽(三小葉)으로 되어 있다. 잎의 수명은 짧으므로 차츰 갱신됨에 따라 관부는 점점 커진다. 그러므로 해를 거듭 할수록 딸기 포기는 대형화되고, 줄기는 괴모양으로 되며, 착 과력(着果力)은 점점 쇠퇴된다. 뿌리는 원래 줄기의 아랫쪽에 나지만 단명(短命)으로서 뿌리의 기능을 잃게 되면 관부의 윗 쪽에 새 것이 나온다.

딸기는 비타민의 함유량이 많으며, 무기물질도 함유하고 있 다. 그러나 딸기는 생식(生食)을 하는 것이므로 추비를 줄 때

하비(下肥)를 사용하게 되면 회충 따위의 기생충의 전염이 되기 쉽다. 이런 점을 방지하기 위해서는 소위 청정 재배(淸淨栽培)가 위생적으로 요망된다.

(2) 경영 합리화

딸기 재배의 경영상(經營上) 특징은 그 재배 방법에 변화가 많고, 환경의 입지 조건을 여러 가지 방법으로 충분히 이용할 수 있는 점이다. 촉성 재배의 지대와 같이 대단히 좁은 곳과 경사진 곳을 이용하여 많은 수입을 올릴 수 있고, 또 어떤 지방은 고냉 지대를 이용하여 억제 재배, 가공 재배를 발전시키는 등 점차로 그 재배 방법이 넓게 보급되고 있다.

일반 농가 경영(農家經營)에 있어서도 이 딸기 재배 방법을 적당히 도입하여 농가 수입이 없는 단경기(端境期)의 현금 수입을 꾀할 필요가 있다고 생각한다. 다만 딸기 재배에 있어서 특히 유의해야 할 점은 보리베기 · 모심기 등의 작업과 겹쳐져서 한 때 노력부족을 가져오는 점이라 하겠다.

딸기 농사는 10a당 50명 이상의 노력을 필요로 하는 계산이므로 자기의 노력 한계를 잘 생각하여 그 대책을 세울 필요가 있다.

다음 딸기를 수확한 뒤의 가리기, 포장하기, 시장에 내기, 팔기에 대해서 상당한 경비가 드는 점도 미리 생각해 둘 필요가 있다.

2. 재배 환경(栽培環境)

(1) 기상 조건

딸기는 일반적으로 추위에 대한 저항력(抵抗力)이 강한 작물로서 섭씨 영하 8도에서도 2~3개월은 자랄 수 있고, 0도

에서 꽃눈이 자람을 시작한다. 그러므로 상당히 추운 지방에
서도 약간의 보온(保溫)과 방한(防寒)을 해 주면 겨울 동안에
도 딸기를 가꿀 수 있다.

딸기의 기온(氣溫)에 대한 특성(特性)을 보더라도 따뜻한
지방에서 가꿀 수 있는 품종은 더위에 견디는 힘이 강하고, 휴
면기(休眠期)가 짧아서 짧은 시일 안에 자라서 꽃이 피게 된
다. 그리고 추운 지방용 품종은 추위에 견디는 힘이 강하고,
휴면기가 길므로 꽃이 피는 데 오랜 시일을 필요로 한다.

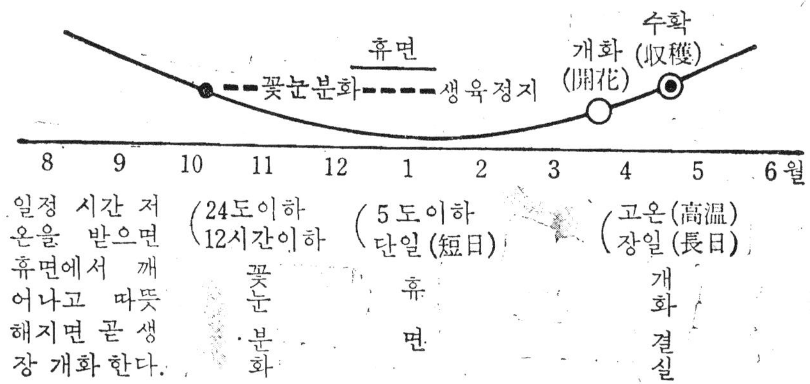

〈그림 4-1 딸기에 알맞은 환경(중부 지방의 노지 재배)〉

이와 같이 다른 채소에 비해서 기후에 대한 적응성의 폭이
넓으므로 그 지방에 적당한 품종을 구하여 심으면 우리 나라
어느 곳에서든지 딸기를 가꿀 수 있다.

(2) 토양 조건

딸기는 토질에 대한 적응성의 범위가 넓어서 거의 모든 땅
에 가꿀 수가 있다. 특히 적합한 토질은 모래참땅(砂質壤土)
과 찰흙참땅(粘質壤土)이라고 할 수 있고, 그 반대로 경질회
토(輕質灰土)가 가장 나쁘다. 경질회토에서는 그 자람도 나쁘

고, 겨울을 넘기는 성질에도 약하며, 따라서 수확량이 가장
적다.

토양의 산성에 대한 저항력이 또한 강하여 pH 5~5.5 가
량이 적당한 것으로 되어 있다. 어떻든 유기질이 많은 모래참
땅이나 진흙참땅을 가려 심으면 가장 좋다.

3. 품종(品種)

(1) 도너어

이 품종은 미국종으로서 품질이 좋고 맛이 좋다. 또 향기도
좋으므로 시장에 내는 데는 극히 좋은 품종이다. 과실의 모양
은 짧은 방추형으로 과실의 크기는 중 혹은 대이며, 색깔은
진하며 붉고 깨끗하다. 잎이 잘 서 있고 세력이 강하다. 러너
발생은 중이며, 영년식 재배로 2~3년 계속 재배하다가 경신
하면 또 2~3년 계속하여 재배를 할 수 있다.

(2) 행옥(幸玉)

패어팩스의 실생(實生) 즉 씨를 뿌려 만든 품종으로 육성한
품종이다. 잎이 서고 딸기의 세력이 강하며 중생이다. 과실
모양은 방추형으로 크고, 변형 과실이 많은 것이 특징으로 되
어 있다. 과실 빛은 선홍색(鮮紅色)이며, 살은 단단한 편이다.
신맛(酸味)이 적고 단맛(甘味)이 많으며 품질이 좋다. 추운
지방의 영년식(2~3년) 재배에 적당한 품종이다.

(3) 마아샬

과수형(果數型 ; 과실 수가 많은 종류) 품종으로 꽃이 많이
맺고 과실의 수는 많으나 몹시 작은 편이다. 수확량은 가장
많으나, 착색이 나쁘고 너무 연해서 과실이 썩기 쉽다.

(4) 보교조생

일본 병고농시(兵庫農試)에서 행옥과 타보(Tabo)를 교배하여 육성한 품종이다. 과실은 방추형으로서 광택이 있는 선홍색이며, 과육까지 착색이 잘 되고 과육이 치밀하여 품질이 좋다. 초세가 강하며 육묘와 재배는 용이하다. 과실꼭지가 약하다.

(5) 복우(福羽)

촉성 재배용의 대표적인 품종으로서 과실 크기는 20g, 아름다운 긴 방추형의 과실이 탐스럽다. 빛깔은 선홍색이며, 과실에 봉지를 씌웠다 벗기면 광택 있는 아름다운 빛이 난다. 신맛도 적당하고 향기와 풍미도 있다. 추위에 견디는 힘이 강해서 1~2월 온도가 낮은 때에도 생육을 계속한다.

(6) 조생홍심(早生紅心)

원예시험장 부산지장에서 육성된 촉성 재배용 품종으로 춘향에 비해 조기 수량 및 총수량이 높다. 과색은 짙은 홍색이며 기형 및 부패과가 적은 것이 특징이다.

(7) 대학 1호

우리 나라에서 육성한 품종으로서 초세가 강하다. 러너가 많이 나오며 수량이 많다. 과실은 분홍색으로 크다. 살이 물러서 즉석 판매식 딸기밭의 주종품이다.

(8) 기　　타

이 밖에도 로빈손, 목원 1 호(牧原一號), 궁기, 천대전, 구류미 등이 있다.

4. 병충해 방제(病蟲害防除)

(1) 병해(病害)의 방제

① 점무늬병(斑點病)

가. 증 상 봄부터 여름 동안에 잎이나 잎자루에 발생하여, 자주빛 혹은 적갈색의 얼룩점, 중앙에 회색 고리 무늬가 생기는 병이다.

나. 방 제 다이젠(600 배액)을 몇 번 뿌린다.

② 회색곰팡이병(灰色黴病)

가. 증 상 이른 봄부터 수확기까지 포기 전체와 과실에 발생하는 병인데, 비가 많이 올 때에 발병하기 쉽다. 갈색의 작은 얼룩점이 생기고, 그것이 점점 커서 썩으며, 결국에는 회색곰팡이가 된다.

나. 방 제 질소 거름을 과히 주지 말고, 짚을 깔고 톱신, 캡탄, 다코닐 혹은 다이젠(600 배액)을 뿌려준다.

③ 뿌리썩음병(根腐病)

가. 증 상 모판 포장에 발생하고, 포기 전체가 시들어서 말라죽는다. 감염 포기의 굵은 뿌리가 흑갈색으로 변하므로 증상을 알 수 있다.

나. 방 제 이어짓기를 피하고 클로로피크린으로 토양 소독을 실시한다.

④ 풋마름병(靑枯病)

가. 증 상 7~8월의 고온기 이후 포기 전체에 발생하며, 생육 불량으로 되고 결국에는 말라버린다. 갈색으로 변한 부패 부분을 누르면 흰 물이 나온다.

나. 방 제 이어짓기를 피하고 클로로피크린으로 토양 소독을 실시한다.

(2) 충해(蟲害)의 방제

① 진딧물·응애

가. 생태와 피해 건조할 때에 잎의 뒷면에 발생하고 생육 불량이 된다.

나. 방 제 TEPP제(2,000배액), 마라손 유제(1,000배액) 등을 뿌려 준다.

② 선충(線虫)

가. 생태와 피해 포기의 중심 싹이 있는 곳이 오그라지고 생장이 정지하며 잎자루는 적갈색으로 변한다.

나. 방 제 처음부터 병 없는 어미포기를 가려서 쓰는 데 주의한다.

5. 북부 지방의 재배법

일반적으로 겨울 동안에는 휴면이 길고, 저온 요구도가 강하며, 생장 결실이 장일형(長日型)의 품종이 적당한데, 예를 들면 도너어, 행옥(幸玉) 등이다.

(1) 육묘(育苗)

딸기 재배에는 좋은 모종을 만들어서 심는 것이 중요한 조건이며, 특히 1년 경신 재배(一年更新栽培)에서는 좋은 모종을 심지 않으면 좋은 수량을 바랄 수가 없다. 잔디짓기식 재배는 노력을 절약하는 점에서 특별히 모종을 키우지 않고 밭에서 러너로부터 직접 새끼모종을 따서 심을 때가 많다. 이런 때도 러너에서 일찍 새끼모종을 따서 심으면 늦게 따서 심은 것보다 수확량이 많다.

러너의 발생은 품종에 따라서 다르나, 보통 6월 상순 경에 시작하여 7월 상~중순 경이면 새끼모종을 딸 수 있다. 될 수 있는 한 일찍 모종기르기를 시작하여 좋은 모종을 준비해야 한다.

북부 지방은 일반적으로 수확하는 시기나 러너 발생의 시기가 늦은 편인데, 꽃눈의 분화기는 이르고 분화기의 모종의 영양 상태(營養狀態)도 좋지 못하며 꽃눈의 형성(形成)도 충분치 못한 것이 보통이다. 그러므로 모종 따는 시기를 될 수 있는 한 일찍해서 모종 기르는 기간을 길게 하고 꽃눈의 분화기까지에 모종의 발육을 좋게 할 필요가 있다.

모판은 나비 120~150cm의 적당한 길이로 만들고, 거름은 3.3m²에 두엄 7.5kg, 유안 180g, 과린산석회 15g, 염화칼리 94g 가량을 주어서 흙을 잘 섞어 두고 2~3일 후 러너에서 새끼모종을 따서 15cm 사방으로 심는다.

이 때 특히 깊이 심지 않게 주의하고, 아직 뿌리가 약하여서 건조에 약하므로 충분히 물을 주어서 뿌리가 잘 내리게 하고 될 수 있으면 거적을 펴서 뿌리의 활착을 돕는다. 활착한 뒤는 거적을 걷고 항상 마르지 않을 정도로 물을 준다. 모종에서 생겨나는 러너는 항상 제거(除去)해서 모종이 충실히 크도록 한다.

(2) 정식(定植)

① **시기**(時期) 9월 하순에서 10월 중순까지가 좋고 그 기간 중에도 될 수 있는 한 일찍 심는 것이 유리하다. 실제로 일찍 심은 것은 뿌리의 자람이 좋으므로 겨울 동안 건조할 때나 온도가 낮을 때에도 **견디는** 힘이 강하며, 이듬해 봄에 발육이 좋으므로 꽃이 피는 것이나 과실

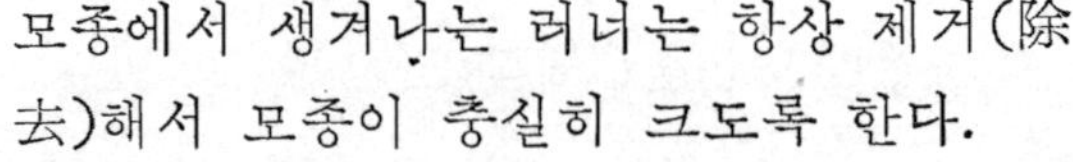

〈그림 4-2 채묘 방법〉

의 맺는 수도 많다.

② 방법(方法)　심는 거리는 가꾸는 양식이나 토질에 따라 틀리나 반촉성 재배에서 135cm 나비의 비닐 터널인 때는 27cm 4줄로 심고, 180cm 나비일 때는 30cm 5줄로 심어서 포기사이를 30cm 가량으로 하면 좋다.

또 일반 이랑식 재배에는 이랑사이 75~90cm, 포기사이 24~30cm로 10a당 3,600~5,400포기를 표준으로 한다. 밀식 재배인 때는 보통 밭이면 이랑사이 60cm, 포기사이 24~30cm로 하든지 90~150cm 사이의 이랑에 2줄심기로 포기사이 24~30cm의 새발식(千鳥植) 심기로 한다.

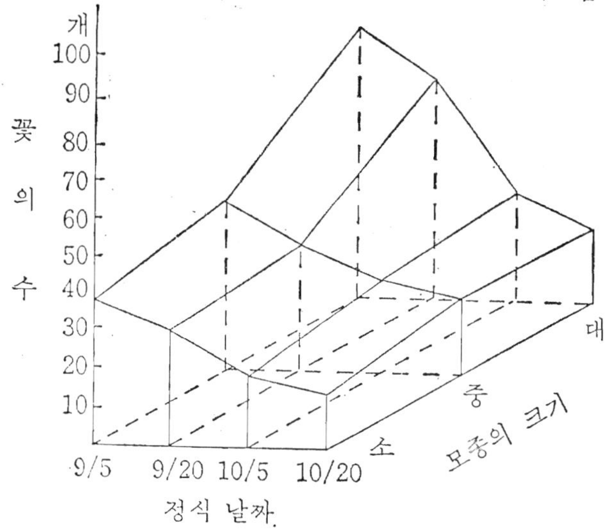

〈그림 4-3　심는 방법〉

〈그림 4-4　정식의 조만(早晩)과 모종의 크기와 꽃 수의 관계〉

잔디짓기 재배에서는 이랑 나비 90~150cm, 포기 사이 30~40cm 가량이 좋으나, 러너의 발생이 많은 품종이거나 기름진 땅에 가꿀때에는 이보다 넓게 하는 것이 좋으므로 주의를 요한다.

모판은 모종 심기 한 시간 가량 앞서서 충분히 물을 주어서 뿌리가 상하지 않도록 뽑으며, 절대로 깊이 심어서는 안된다. 심기를 마친 뒤에 맑은 날이 계속되면 물을 주어서 활착을 도운다.

(3) 시비(施肥)

① **3요소 흡수량** 딸기의 양분 흡수량은 칼리가 많고, 다음으로 석회와 질소의 순서이다. 인산은 극히 적으나 추위에 견디는 힘을 강하게 하며, 과실의 당분 농도를 높인다.

② **시비량** 거름 주는 양은 지방과 품종에 따라서 상당히 틀리나 10a당 표준 시비량은 질소 1.5~2kg, 인산 9~13kg, 칼리 11~13kg 가량이 적당하다. 심은 거리가 좁을 때는 4~5할을 증가해서 주면 된다. 밑거름은 10월에 모종을 심을 때 골을 타고 주지만 웃거름은 이듬해 4월 상~중순 경에 주는 것이 보통이다.

(4) 일반 관리(一般管理)

① **건조와 서리 피해의 예방** 이 지방의 딸기 재배에서는 겨울 동안에 추위의 해로 인한 피해를 막는 일이 중요하다. 또 눈도 오지 않고 추운 지방은 건조에 의한 피해가 큰 때가 있는데, 건조에 대한 피해를 막기 위해서는 좋은 모종을 일찍 심어야 한다.

② **짚깔기** 짚을 깔아 주는 것은 과실의 오손(汚損)을 막을 뿐 아니라, 회색곰팡이병을 적게 하고, 또 잡풀의 발생을 적게 하는 데 필요하다. 그리고 건조하는 것을 막는 데도 효과가 있으므로 보통 가꾸기나 영년식 재배에서는 이랑사이와 포기

사이에 짚을 깔아 주는 것이 좋고, 10a당 볏짚의 소요량은 563kg 가량이다.

③ 비닐 터널 반촉성이나 딸기 따는 시기를 빨리 할 예정이면 비닐 터널을 만들어서 가꾼다. 이와 같은 법을 쓰면 땅 온도를 높이고 건조를 막아서 익는 것을 촉진시킨다. 비닐을 덮을 때는 4～5일 전에 충분히 물을 주어 두었다가 비닐을 덮는다.

비닐을 덮는 데는 그 시기가 문제가 된다. 대개 2월 하순에서 3월 상순에 덮으면 4월 하순경에 딸기따기가 시작되어 5월 상～중순 경이 최성기(最盛期)가 되는데, 그러면 노지 재배보다 약 1개월 정도 빠른 셈이 된다.

또 이 재배에서는 꽃봉오리가 맺혀서 꽃이 피기까지에는 비닐 터널 안의 기온이 30도가 유지되게끔 낮에는 비닐을 통해서 충분히 햇볕이 들어가게 하고, 밤에는 거적을 덮어서 보온에 힘써야 한다.

그리고 꽃이 피기 시작하면 비닐 안의 공기바꾸기에 특히 주의하고, 수확이 시작되면 더욱 공기바꾸기를 잘 해 주다가 어느 정도 수확이 진행된 뒤는 밤에만 비닐을 덮도록 하는 것이 좋다.

④ 풀매기(除草) 보통가꾸기나 영년식 재배에서는 제초제(除草劑)를 이용하여 풀매기의 노력을 덜 수 있다. 제초제는 잡풀의 싹이 트기 전에 혹은 싹이 튼 직후에 사용한다. 딸기의 잎과 줄기는 약제에 약하므로 약을 치지 않는 것이 좋다. 따라서 잔디짓기 재배에서는 약제를 써서는 안된다.

풀매기는 추비(追肥)를 줄 때 얕게 중갈이하는 것과 동시에 실시하도록 한다. 특히 수확을 한 후에는 러너가 발생되기 전에 중갈이와 동시에 풀매기를 해 두면 러너의 발육이 좋아진다.

⑤ **러너의 처리** 딸기의 영년식 재배나 잔디짓기 재배에서는 한번 심은 모종을 몇 년간 이용해서 가꾸는 관계로 딸기를 딴 뒤의 러너 발생에 대한 처리에 노력이 들지만 경신 재배(更新栽培)에서와 같이 모종기르기와 심는 데 대한 노력은 필요하지 않다.

영년식이나 잔디짓기에서는 딸기를 딴 뒤의 러너의 처리를 어떻게 하느냐가 문제이다. 노력 절감(勞力節減)의 입장에서 러너를 밑둥에서 제거하는 것보다는 딸기를 딴 뒤에 잎과 줄기를 베어서 러너의 발생을 억제하는 방법이 유리하다. 그리고 베는 시기가 일러야 잎과 줄기의 재생과 발육이 순조롭고, 병의 피해도 없어서 이듬해 수확도 많다.

(5) 수확(收穫)

북부 지방의 논벼 앞그루인 반촉성 재배에서는 4 월 하순경부터 딸기따기가 시작되어 5 월 하순 경에 끝난다. 보통 가꾸기는 약 한 달이 늦은 5 월 하순에서 6 월 하순까지 수확하게 된다.

보통 가꾸기에서는 딸기 꽃이 핀 뒤에 30~35일, 비닐 반촉성 재배에서는 50일 정도에서 딸기를 딸 수가 있다. 청과용 딸기는 완전히 익은 것보다도 약간 덜 익은 것이 좋다.

딸기를 따는 것은 아침 일찍이나 저녁 때의 기온이 낮을 때에 한다. 그리고 가공 원료로 가꾼 딸기는 완전히 익은 뒤에 따되 꼭지가 붙지 않게 따야 한다.

(6) 여러 가지 재배형(栽培型)

① **반촉성 재배**(半促成栽培) 반촉성 재배는 비닐을 이용하여

행해지고 있다. 북부 지방에서는 복우(福羽)를 주로 심는 것이 좋은데, 새끼 모종(子苗)을 8월 하순경 모판에 옮겨 심어 가지고 40~50일정도 키워서 10월 상순 경에 본밭에 정식한다. 4줄 심기는 포기사이 35~45cm, 2줄 심기는 포기사이 30cm, 1줄 심기는 포기사이 25cm로 하는 것이 좋다.

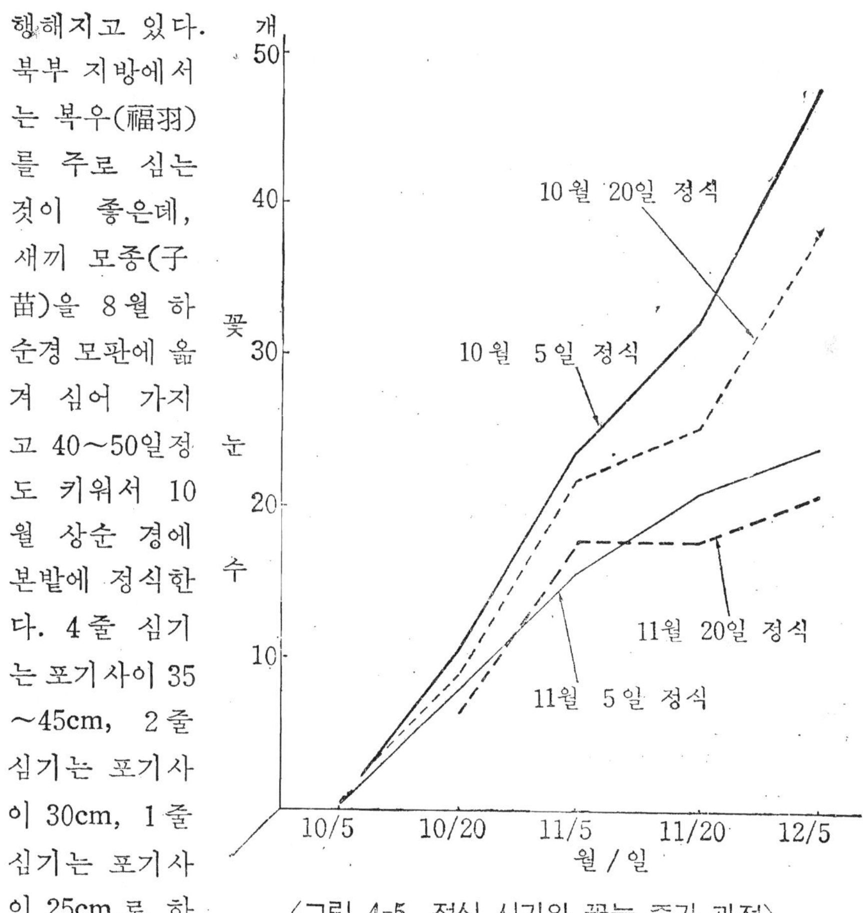

〈그림 4-5 정식 시기와 꽃눈 증가 과정〉

기타 세부 사항은 〈그림 4-6〉에 준하여 실시한다.

이후 비닐을 덮어서 꽃피기 시작할 때까지는 고온(30도)으로, 이어 수확할 때까지는 적온(20도)으로 한다.

딸기를 따기 시작하는 시기는 4월 20~30일 경이고, 딸기 따기가 가장 많은 때는 5월 5~20일 경이므로 노지 재배보다는 약 1개월 가량 빠른 셈이다.

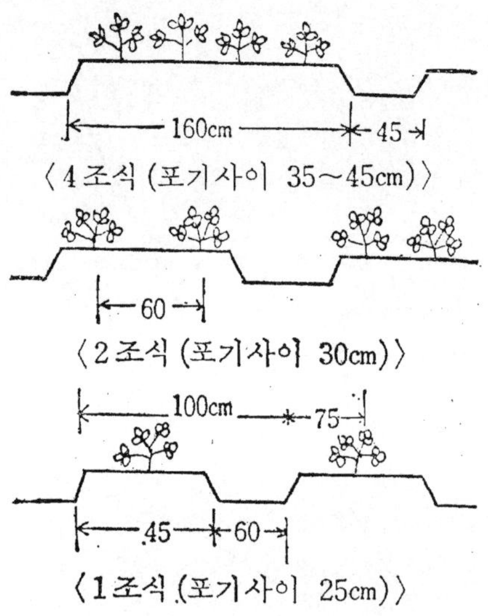

〈4조식 (포기사이 35~45cm)〉

〈2조식 (포기사이 30cm)〉

〈1조식 (포기사이 25cm)〉

〈그림 4-6 이랑사이와 포기사이〉

거름주는 양은 10a당 질소 28kg, 인산 22kg, 칼리 25kg을 표준으로 한다.

가꾸는 관리로서는 5월 상순 경에도 늦서리가 오므로 밤에 거적을 덮어서 기온이 내리는 것을 막고, 또 터널 안에는 고온(高溫)과 건조(乾燥) 등의 피해(被害)가 없게끔 공기바꾸기(換氣)에 주의해야 한다.

② **가공용 재배**(加工用栽培) 이것은 주로 보통 밭이나 과수원 사이짓기로 가꾸면 된다. 딸기 따는 시기는 6월 중~하순에서 7월 상~중순이 되고, 딸기 따는 회수는 1주간씩 간격을 두고 4회 정도로 나누고 있다.

이 지방에서는 처음에는 대개 재배 품종이 고정되어 있었으나 현재는 거의 고령종(高嶺種)으로 재배하고 있다.

이 품종은 세력이 왕성하므로 거름 주는 양을 적게 해도 무방하고, 다수성(多收性)이므로 수량도 많고 꼭지가 연한 점 등 유리한 편이다. 다만 세력이 왕성한 이 품종에 거름 주는 양을 많이 해서 실패하는 수가 있으므로 이 점에 주의하여 재배하도록 한다.

가꾸는 양식이 잔디짓기이므로 가을에 생긴 러너에서 새끼모종을 따서 심으면 다음해에 벌써 상당한 딸기를 딸 수 있다고 한다. 고령종은 세력이 강하므로 많은 러너가 발생한다. 이것에서 새끼모종을 따서 적당한 간격으로 솎음질을 해주면 한층 더 좋은 잔디짓기가 되는 것이다.

　그래서 딸기밭이 완성된 뒤에도 항상 잘 살펴서 적당한 솎음질을 하면 5년 동안은 상당량의 딸기를 딸 수가 있다.　병해(病害)는 그리 없으나, 충해의 우려가 있으므로 약제를 뿌려서 이를 방지한다.

　③ 보통 재배(普通栽培)　　딸기 가꾸기에서 그 수확량을 증가시키려고 하면 1년 갱신 재배에서는 포기 수를 합리적으로 증가하여 밀식 재배를 해야 하고, 추운 지대에서는 영년식 재배(永年式栽培)로 증수를 꾀해야 한다.

　영년식 재배는 한번 심은 어미포기에서 발생하는 러너를 전부 제거(除去)하고 그 이듬해도 같은 묵은 포기에서 수확을 하는 방법이다.　2~3년이 지나면 어미포기가 상당히 커서 수확량이 꽤 증가한다. 이 방법의 재배는 그 계속 기간(繼續期間)이 품종에 따라 다르지만 일반적으로 세력이 좋은 품종이 계속 기간이 길어서 가장 적당하다.

　수확량은 1년생 포기보다 2~3년생 포기가 많고 4~5년 포기가 되면 세력이 약해져서 수량이 상당히 적어진다. 이와 같은 일은 딸기의 품종에 따라 틀리기는 하나 2년생 포기는 1년생 포기보다 수확량이 상당히 많아진다.　그러나 포기의 연령과 과실의 크기와의 관계는 수확량의 경우와 달라서 대체로 1년생 포기의 과실이 크고 2~3년 거듭하여 포기가 묵으면 과실이 점점 작아진다.　그러므로 북부 지방에서는 3년 묵은 포기까지를 이용하고 있다.

　또 가꾸는 재배 목적에 따라서 청과용의 것은 1년 경신 재배(更新栽培)의 방식을 취하는 것이 유리하고, 수확량이 많은 점을 생각하면 영년식 재배(永年式栽培)가 월등히 좋다. 그러므로 답이작이나 반촉성 재배를 하는 특수한 사정 이외는 보통 재배 즉 영년식 재배로 경영하는 것이 좋다.

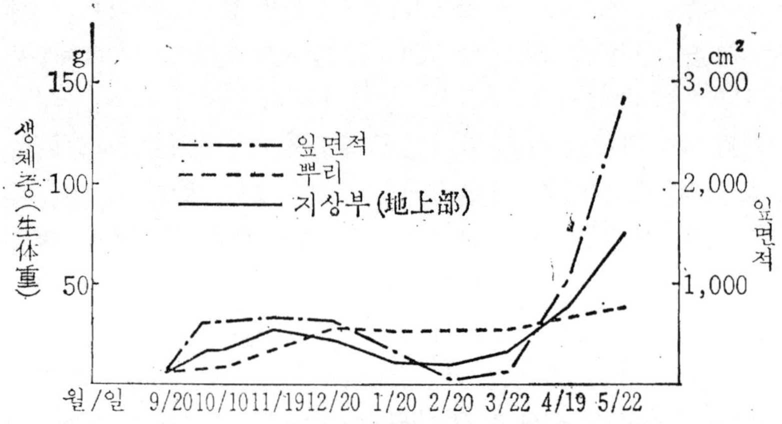

〈그림 4-7 보통 재배에서 생육의 시기별 추이〉

6. 중부 지방의 재배법

(1) 육묘(育苗)

① 상토(床土) 어미포기의 밑둥에 있는 묵은 잎이나 병든 잎을 제거하고, 응애를 완전히 구제한다. 1a당 두엄 100kg, 황산암모니아 4.5kg, 과린산석회 5kg, 황산칼리 1.5kg, 깻묵 20kg 정도를 전면에 뿌려서 30cm 깊이 정도로 갈고 땅을 고른다. 발생한 러너는 적당히 배치하되 밀식인 경우에는 솎음질을 한다.

8월 중순 경에 결실하지 않는 땅에 깔린 가지를 끊어 버린다. 이 때쯤이 되면 응애의 발생이 많으므로 TEPP제, 마라손 유제 등을 뿌린다. 건조 시기에는 꾸준히 물을 주어서 러너의 발생과 생육을 촉진한다.

② 이식(移植) 이식 밭은 수리(水利)가 편리하고 건조하지도 않으며 물빠짐이나 통풍(通風)이 잘 되는 장소를 택해야 한다. 한번도 이식 않고 9월 중순에 일찍 이식하는 일도 있는데, 활

착과 생육은 좋으나 모종이 고르지 못하고 포기의 무성함에 비하여 오히려 수확량은 적다.

모판 거름은 1a당 두엄 112.5kg, 황산암모니아 4.5kg, 과린산석회 6.7kg, 황산칼리 2.25kg, 깻묵 22.5kg 정도를 모판 전면에 이식 20일 전 쯤 주어 둔다.

모판은 넓이 181cm, 높이 8~9cm의 이랑을 만들되 10a당 소요되는 모판 면적은 2.0~2.5a 정도이다.

제일 마지막으로 이식할 때에는 모종의 크고 작은 것을 가려서, 이식하는 작은 삽으로 깊이 심지 않도록 주의해서 21×18cm로 심는다.

8월 하순~9월 상순은 온도가 높고 건조할 염려가 있으므로 완전히 활착할 때까지 1m 높이로 햇볕 가림을 하고 날마다 물을 준다. 햇볕 가림은 저녁 때와 아침은 벗겨서 모종의 도장을 막는다. 산밑에 딸기 재배의 적지가 있으면 꽃눈 분화기(花芽分花期)의 촉진은 없어도 좋은 모종을 기를 목적으로는 이용 가치가 높다.

③ 이식상의 관리 이식 모종이 완전히 활착이 된 뒤에 2~3회 요소의 잎면 살포(葉面撒布)를 실시한다. 풀매기와 중갈이를 해서 두면 생육이 좋은 모종은 제2차의 러너가 발생하므로 곧 이것을 따버린다.

그리고 이식 뒤에도 항상 묵은 잎과 병든 잎을 제거해서 포기 밑은 늘 깨끗하게 하여 바람이 잘 통하도록 해야 한다.

첫번 러너는 2~3번 러너에 비해서 생산력이 약간 낮다. 그러나 이것이 러너 발생의 적합한 시기와 합치한다. 발생이 늦고, 발생 수가 적을 때는 첫번 러너도 사용하는 편이 좋다.

모판에서는 진딧물·응애·선충·무늬병 등이 발생하므로 호리돌·TEPP제·다이젠·동수은제·켈센 등의 약제를 적당히 뿌린다. 풍뎅이의 애벌레는 10a당 알드린분제 3~4kg을 뿌린다.

④ 복우종(福羽種)의 육묘　복우종의 러너따기는 6월로서, 따뜻한 지방은 쉽지만 고냉지에서는 딸기따기를 일찍 마치고, 4월 중순에 황산암모니아액(물 18*l*에 황산암모니아 75g)을 중거름으로 주어서 러너 발생을 촉진시킨다.　또는 러너만 따기 위한 채묘포(採苗圃)를 설치하는 것이 안전하다.

6월 하순에 러너를 따서 모판에 이식하고 햇볕 가림을 하여서 물을 준다. 정식 전 20~25일인 9월 중순 경에 제 2 회의 이식을 한다. 복우종의 이식은 꽃눈 분화기의 촉진에 효과가 있다는 것이 증명되고 있다.

복우종은 높은 온도와 건조에는 가장 약하므로 모판 관리는 극히 공을 들여서 관리할 필요가 있다.

고냉지 모종기르기의 성적에 의하면 꽃눈 분화의 시기가 평지에서 기른 모종보다 약 2주간, 수확기는 제 1 화방이 약 40일, 제 2 화방이 약 30일 빠르며, 수확량은 평지에서 기른 모종보다 많다.

⑤ 모종의 선별(選別)　딸기 가꾸기에 있어서 예정 포기수를 확보하지 못하면 총체적으로 모종의 품질이 나쁘고, 증수(增收)는 가망이 없다. 모종을 기를 때는 항상 10% 정도의 예비 포기를 준비해야 한다.

좋은 모종의 조건으로서는 병충해의 피해가 없는 것, 8~10장의 잎이 싱싱하고 충실한 것, 잎이 두껍고 빛이 진한 것이 좋다. 그리고 밑둥이 굵고(도너어 10mm, 복우 7~8mm) 한 포기 무게가 도너어 30g, 복우 20g의 것이 좋다. 또 뿌리가 충분히 내리고 잔뿌리가 많으며, 선명한 갈색으로 된 것이 좋은 모종이다.

(2) 여러 가지 재배형(栽培型)

① **노지 재배**(露地栽培)　밭으로서 지하 수위(地下水位)가 약간 높고, 극도로 건조할 우려가 없으며, 기름진 곳이면 적당하다.

답리작인 때는 논의 가레흙(耕土)이 깊고 기름진 마른논(乾畓)이라면 좋다. 습한 논(濕畓)이라도 높은 이랑을 만들어서 가꿀 수 있으나 비가 많이 올 때는 습기의 해(濕害)를 입을 염려가 많다.

밭이나 논이나 이어짓기는 피하는 것이 좋고, 논에서 이어짓기를 하면 이 지방의 예로 봐서 20% 정도 감수된다. 겨울 동안 서북풍(西北風)을 피할 수가 있고 물빠짐이 잘 되며 물주는 데 편한 곳이 좋다.

　가. **육　묘**　딸기가꾸기는 3~4년간 경험한 지대에서 경영 규모는 1ha 전후, 경영적으로는 다른 채소에 대한 의존도(依存度)가 높다. 품종은 도너어로써 어미포기 350포기를 준비하고, 러너의 따기는 8월 하순부터 9월 상순(15×15cm로 이식)까지 한다.

　나. **정　식**　밭에서는 평이랑으로 한 줄 심기(70×30cm)가 많고, 답리작에서는 높은 이랑으로 넓게 하여 여러 줄 심기로 하는 것이 많다. 이랑 높이는 토질・물빠짐의 여하에 따라

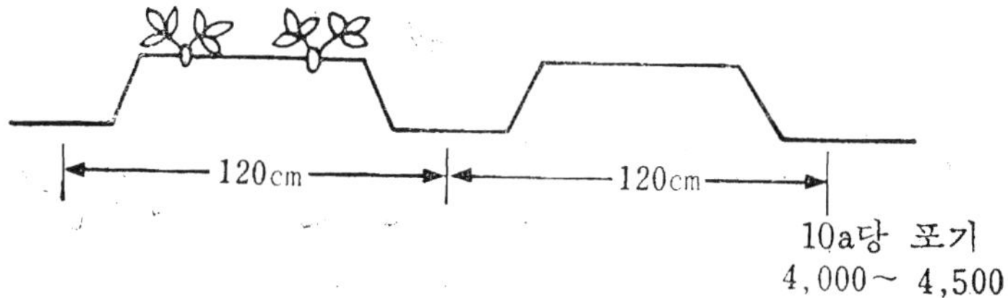

〈그림 4-8　노지 재배 정식(답리작)〉

서 결정할 것이나, 5～6월에 비가 많을 때를 기준으로 해서 10～12cm의 높이로 한다.

이 지방의 딸기 정식 시기는 10월 하순에서 11월 상순이 적기로 되어 있다. 이보다 늦으면 활착과 뿌리내림이 나쁘고 겨울 동안에 동상해(凍霜害)를 받아서 감수한다.

10a당 심는 포기의 수는 4,000～4,500 포기가 표준이고, 많을 때는 5,000포기 이상 밀식해서 증수한 예도 있다.

따뜻하고 흐린 날씨에 심는 것이 좋다. 심은 모종이 빨리 활착하는 것이 극히 중요하기 때문이다.

다. 시 비 딸기의 거름은 3요소가 똑같은 양으로 필요하다. 그러나 대개 보면 질소 과다가 되기 쉽고 인산과 칼리가 적다. 질소는 포기의 생육과 화방 수의 증가에 영향이 크고 수확량에도 관계가 깊다. 칼리는 과실을 충실하게 하고 병에 견디는 힘을 강하게 하며 신맛을 내는 데 필요하다.

거름주는 양은 증수를 위해서는 역시 거름을 많이 주는 편이 좋다. 10a당 성분량은 질소 22～26kg, 인산 20～22kg, 칼리 22～26kg이 표준량(標準量)으로 되어 있다. 충적토 지대의 답리작의 거름주는 양을 예시하면 〈표 4-1〉과 같다.

유기질거름은 생산비가 높아지므로 화학거름을 많이 쓰게 되나 딸기의 가꾸는 기간이 길고, 또 2월 이후에 주는 중거름은 과실 부패 관계로 주지 못하므로 거름의 효과를 보존하려면 30% 정도의 유기질거름을 쓰지 않으면 안된다. 유기질거름은 값이 헐하고 자급할 수 있는 닭똥, 깻묵, 나무재 등이 주체가 된다. 두엄은 그 효과가 크고 10a당 300kg 정도로 주는 것이 좋다.

딸기는 생으로 먹는 과실이므로 뒷거름을 주는 것은 절대로 삼가해서 깨끗한 재배를 함으로써 소비자가 안심하고 먹을 수

〈표 4-1 노지 재배의 시비량의 예〉(10당/단위 kg)

거 름 종 류	총 량	기 비	추 비		3 요 소 량
			1 회	2 회	
두 엄	2,000	2,000	—	—	
깻 묵	57	40	17	—	질소 : 25
닭 똥	150	150	—	—	
유 안	90	90	—	—	인산 : 20
염화칼리	15	15	—	—	
과 석	40	40	—	—	칼리 : 23
요 소	14	—	4	10	

있게끔 계획해야 한다. 인산거름의 효과면으로 보아서 과석과 용성인비 따위를 겸용해야 한다.

딸기의 거름은 밑거름을 중심으로 해서 많은 거름을 정식 전에 주어야 하지만 그 분량은 너무 지나치게 많으면 오히려 해가 되는 것도 주의해야 한다.

거름주는 양의 70%를 정식(定植) 전의 밭갈이, 땅고르기와 같이 주고 나머지 30%는 모종이 활착한 뒤 11월 중~하순 경에 주도록 한다. 또 모종 생육의 형편을 보아서 겨울 동안에 요소의 잎면 살포로 물 18*l*에 요소 100~150g 정도로 주면 그 효과가 크다.

딸기의 웃거름은 분량은 적지만 그 효과는 크다. 11월 중~하순과 1월 하순~2월 상순에 10a당 황산암모니아 20kg을 물에 풀어서 준다.

　라. 일반 관리

(가) 꽃눈 분화(花芽分化)의 촉진(促進)　딸기의 꽃눈 분화는 햇볕쪼임 시간의 짧음과 저온 조건에 의해서 촉진되는 것이다(〈그림 4-9〉 참조).

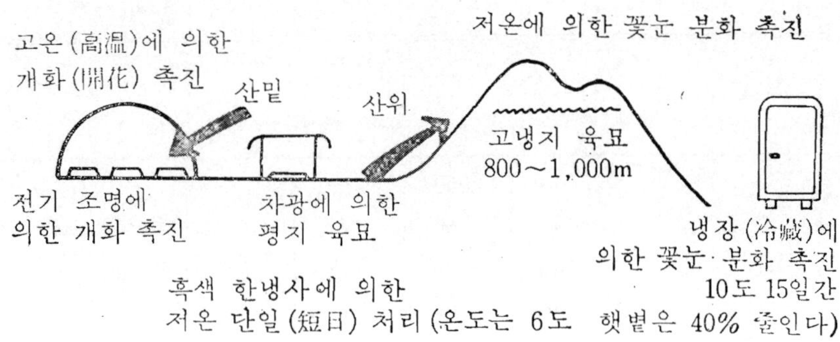

〈그림 4-9　꽃눈 분화의 촉진 방법〉

이 지방은 대개 9월 하순~10월 상순이 꽃눈 분화의 시기로 되어 있다.

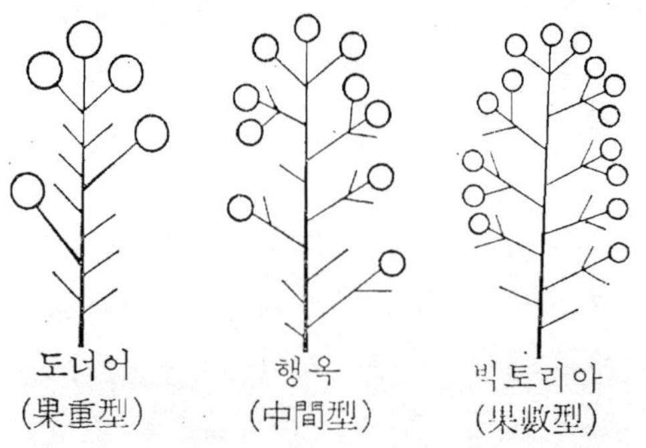

〈그림 4-10　화방(花房)의 형성〉

딸기는 인공적으로 저온(低溫;냉장 처리, 고냉지 육묘) 단일차광(短日 遮光)조치를 하면 언제든지 꽃눈 분화를 일으킬 수가 있다. 모종의 크고 작기에 관계가 없이 꽃눈 분화는 일어나지만 작은 모종은 꽃눈의 수가 적다.

복우종은 9월 중순의 이식은 꽃눈 분화를 촉진하는 효과가 있는데, 그 때는 거름발이 세어도 안된다. 10월 상순에 제 1 화방이 분화하고 점점 제 2 화방으로 진행한다. 1 월 하순에서 2 월 상

〈그림 4-11　완전화와 불완전화〉

순 사이에 대략 7~8화방이 형성하고 각각 꽃눈이 발육한다.

이 사이에 영양 상태가 나쁘면 이미 형성된 화방도 못쓸 꽃눈으로 되어서 꽃이 피지 않는다.

모판 중간 시기부터 꽃눈 분화기에 들어가서 정식과 겨울을 지나는 동안에 꽃눈의 형성이 끝나므로, 그 동안이나 혹은 그 뒤에 관리를 적당히 하고 못하는 데 따라서 증수가 좌우되는 것이다.

(나) **바람막이와 추위막이** 딸기는 추위에 견디는 성질이 강해서 영하 5~6도에서도 얼어 죽는 일이 없다. 그러나 겨울 동안의 동상해를 받지 않게 보호하는 것이 꽃눈의 발육을 돕고 증수, 조기 수확에 중요하다. 딸기밭 서북편(西北便)에 높이 1.5m의 가마니나 거적으로 추위막이 겸 바람막이를 설치하고 포기 밑에 짚을 깔아서 동상해를 입지 않게 한다.

(다) **물주기** 딸기 재배에는 항상 주의하여 물주기를 게을리하면 안된다.

물을 주는 방법은 기온이 오른 11~12시 경에 하고, 이랑사이 물주기도 너무 오랫동안 물을 대어 두면 뿌리를 해롭게 한다. 물의 양이 적을 때는 포기를 중심으로 해서 몇 차례에 걸쳐 물을 주면 된다. 건조 시기에는 1주일에 한번씩 3.3m²에 20~30*l* 정도의 물을 준다.

(라) **풀매기·중갈이·짚깔기** 답리작 딸기가꾸기는 가꾸는 기간이 길고, 잡풀이 많아서 풀매기하는 데 많은 노력이 들므로 노력을 **절약하기** 위해서 제초 약제의 이용이 필요하다. 제초 약제에는 여러 가지가 있지만 알맞은 것을 골라 11월 하순과 2월 하순 2회에 걸쳐 뿌리면 안전하다. 호미나 괭이로 이랑을 가볍게 중갈이를 하여 흙을 부드럽게 하고 공기가 **통하게 하는 한편** 풀매기를 겸하게 된다. 짚을 깔아서 과실에

흙이 묻지 않게 하고 과실이 썩는 것을 방지한다. 이 짚깔기는 너무 일찍 하면 흙의 습기가 올라오지 않으므로 생육과 꽃핌과 딸기를 따는 시기가 늦어진다.

그러므로 딸기가 익는 시기의 20일 전에 행하는 것이 적당하고, 깔기짚은 보릿짚이 썩지 않으므로 가장 적당하다. 포기 밑에는 4～5cm로 끊은 것을 깔고 이랑사이는 끊지 않은 짚을 그대로 깔면 된다. 물론 짚을 깔기 전에 포기 밑에 풀매기를 하고, 마른 잎과 병든 잎 등을 제거하고 깔아야 한다. 10a당 600～800kg의 짚이 필요하다.

(마) 과실솎기 딸기 포기의 발육이 좋을 때는 1포기에 200 정도의 꽃이 피므로 과실은 작아진다. 이 작아지는 과실이 생기지 않게 하기 위해서 과실솎기를 한다.

보통 가꾸기에서는 면적이 넓으므로 많은 노력을 들여서 하나하나 솎을 수가 없으므로 딸기를 따면서 기형과 혹은 작은 과실을 따버리는 정도로 그친다.

② 반촉성 재배(半促成栽培) 터널 재배의 딸기는 큰 과실을 맺는 율이 높고, 과실의 착색이 선명(鮮明)하며, 비가 올 때도 별도로 비를 피하는 조치가 필요하지 않다. 수확량은 보통 가꾸기에 비해서 20～30%의 증수를 얻을 수 있다.

가. 품종의 선택 반촉성 품종으로는 올종으로 과실이 크고, 과실 모양과 과실의 색 및 맛이 좋고, 꼭지가 잘 시들지 않으며, 과실의 썩는 율이 적은 것이 좋은 것이다. 그리고 병에 대한 저항력이 강한 품종일수록 좋다. 지금은 비닐 재배 전용의 품종은 없고, 보통 가꾸기용 품종에서 적당한 것을 선택하여 재배한다. 행옥, 도녀어 등이 가장 많이 재배되고 있다.

나. 비닐 터널 비닐은 따뜻한 지방에서는 1월 중～하순으로 되어 있으나, 그보다 기온이 낮은 지방에서는 2월 상순에

덮는 것이 안전하다. 또 도너어종은 저습기(低濕期)의 생육이
나쁘므로 반드시 적기를 가려서 덮어야 한다. 비닐을 덮는 형
식은 평형식(平形式)으로 하여 181cm 넓이의 것을 쓰되, 중
앙의 높이를 30cm로 한다. 지주(支柱)가 되는 대쪽은 넓이
3~4cm 정도의 것을 쓴다. 양단(兩端)의 어깨가 되는 부분은
불에 구어서 굽히고 흙에 꼽는 부분을 좀 길게 해서 5월 중
순 경 딸기 포기가 크는 데 따라 지주를 뽑아 올리도록 하는
것이 좋다.

대쪽의 간격은 26~29cm 정도로 하고, 정상부(頂上部)는 역
시 대나무를 걸쳐 양단을 끈으로 묶어서 고정시킨다. 비닐을
덮어도 밤에는 터널 안의 기온이 외부와 같게 되므로 거적을
덮어(세 겹으로)둔다. 터널 안쪽은 비가 와도 맞지 않고 건조
하기 쉬우므로 항상 주의해서 물을 주지 않으면 생육이 늦어
진다.

다. 정 식 정식 시기는 노지 재배보다 약간 일찍 10월 상
~중순에 마치도록 한다. 터널용 딸기는 러너를 채취할 때
에 모종의 거죽(表) 즉 어미포기와 반대 방향에 화방이 생기는
면을 표하여 두었다가 정식할 때 거죽을 남향으로 심어야만
과실의 착색도 좋다.

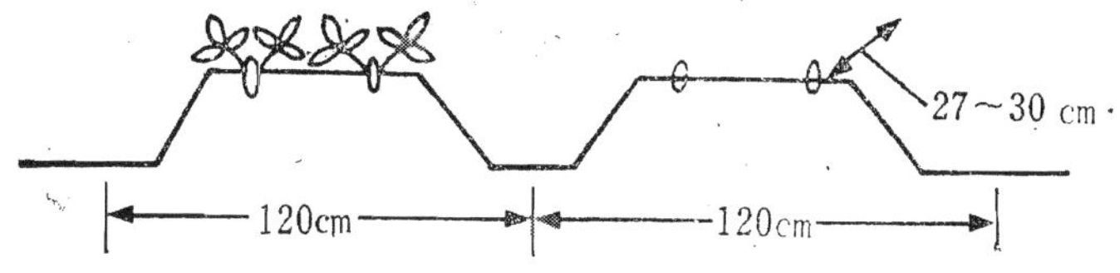

〈그림 4-12 반촉성 재배 정식의 일례(10a당 5,500포기)〉

심는 포기의 수는 노지 재배보다 15~20% 많게 5,000~6,000
포기 정도로 하는 것이 좋다. 터널 재배지의 주위에는 방풍벽
을 설치하는 것이 좋다. 정식의 예는 〈그림 4-12〉와 같다.

비닐은 정식할 밭에 깔아서 땅의 온도를 높여 생육과 수확을 빠르게 하는 것이다. 터널 내부에서 비닐덮개를 하면 노지에서 하는 것보다 땅 온도가 약 2~3도 더 높아진다. 덮개용의 비닐은 투명(透明)한 것이 좋지만 검은 색의 폴리에칠렌이 좋은 결과를 올린 예도 있다.

덮는 시기는 터널을 덮기 약 20일 전에 충분히 물을 준 뒤에 비닐을 덮는다. 이미 사용한 바 있는 헌 비닐을 쓸 때는 그 비닐을 물에 잘 씻어서 쓰도록 해야 한다.

비닐덮개를 행하면 비닐 겉면에 凹凸이 생겨서 물이 여기저기 고이는데, 여기에 접촉되었던 과실은 나중에 썩는 것이다. 이랑을 만들 때 배를 부르게 하고, 땅고르기를 공들여서 하면 이런 폐단을 막을 수 있다.

덮개를 하면 나지(裸地)에 비해서 건조가 약간 방지되지만 물을 줄 때는 불편하기 때문에 물을 줄 나지(裸地)를 중간중간 만들어 둔다.

라. 시 비 비닐 반촉성 재배의 거름주는 예는 〈표 4-2〉와 같다.

〈표 4-2 비닐 반촉성 재배 시비량의 예〉(10a 당/단위 kg)

| 거 름 종 류 | 총 량 | 기 비 | 추 비 | | 3 요 소 량 |
			1 회	2 회	
두 엄	2,000	2,000	—	—	
깻 묵	80	50	30	—	질소 : 28
닭 똥	150	150	—	—	
유 안	90	90	—	—	인산 : 22
염화칼리	19	—	9	10	
과 석	34	34	—	—	칼리 : 25
요 소	19	—	9	10	

마. 일반 관리

(가) 온도 조절(溫度調節)　약 한 달 동안은 온도를 높여 섭씨 28~30도로 두고 다습 상태로 하여 주면 겨울 동안 저온(低溫)으로 생육이 정지되어 있던 것이 싹이 트고 자람을 시작한다. 약 30일 지난 뒤 꽃이 피기 시작하면 온도를 20도 전후로 하기 위해 공기바꾸기를 하여서 조절한다.

꽃이 피어서 4~5일이 지나면 익는 시기로 들어간다. 비닐을 밀폐해 두면 2월 경에도 터널 안은 40도까지 온도가 오른다. 이와 같은 높은 온도에서는 수정 불량(受精不良)에 의한 기형과, 꼭지마름, 부패과(腐敗果)를 많이 내어서 상품 가치를 저하시킨다.

공기바꾸기를 하는 데는 천정 환기(天井換氣)가 제일 효과가 크고 노력도 그다지 들지 아니한다. 날이 개이고 따뜻한 날은 비닐을 전부 열어서 직사 햇볕에 쪼이도록 하면 딸기 생육에 유리하다. 비가 올 때는 비닐만으로 해서 다소의 햇볕을 넣고 난우(暖雨)일 때는 비닐까지 걷어서 비를 맞게 하여 물주는 노력을 절약한다.

(나) 과실솎기　터널 재배의 출하기는 딸기의 단가(單價)가 비싸므로 좋은 상품을 내기 위해 너무 많이 달린 포기는 골라서 과실솎기를 한다. 과실 크기가 새끼손가락 크기만 할 때 하면 남은 과실이 충실하고 크다.

바. 병충해 방제
터널 재배에서는 응애와 흰가루병이 발생하기 쉽고, 한번 발생하면 전염이 빠르므로 치명적인 피해를 받게 된다. 그러므로 앞에서 설명한 병충해 방제 방법대로 예방을 철저히 해야 한다.

사. 수 확
중부 지방의 딸기 따는 시기는 노지 재배에서는 5월 중순에 시작하여 최성기는 5월 하순, 마칠 때는 6월 중순 경이 되는데 모내기로 인하여 약간 일찍 마치는 경향이 있다. 터널 재배에서는 4월 상순에 따기 시작하여 최성기는 5월 상순, 마칠 때는 5월 하순이 된다. 따는 시기는 그 해의 천기에 따라서 약간 변동이 있다. 딸기따기는 아침의 시원할 때(5시 경) 시작하여 9시 경에 마치도록 하고, 딸기 딸 때 쓰는 상자는 넓고 얕은 것을 사용하여 될 수 있는 한 과실이 겹치지 않게 주의한다. 수확한 딸기는 직사 햇볕에 쪼이는 일이 없게끔 해서 시원한 창고로 운반한다.

딸기가꾸기에 있어서 기술도 물론 필요하지만 일단 생산된 딸기를 시장에 내는 데 있어서도 그 선도(鮮度)를 손상시키지 않고 소비자에 제공하는 문제도 극히 중요한 점이므로 세심한 주의를 필요로 한다.

7. 남부 지방의 재배법

(1) 특성(特性)

상당히 많은 면적에 딸기를 가꿀 때는 수확 출하기가 보리베기나 모내기 등과 일이 겹치므로 한 때 맹렬한 농번기(農繁期)가 닥친다. 가족 노력(家族勞力) 이외의 고용 노력(雇用勞力)을 자연 필요로 하게 된다. 그러나 반촉성이나 조숙 재배 등을 노지 재배와 겹쳐서 하게 되면 딸기의 수확 시기가 각각 분산되므로 가족 노력을 극도로 활용할 수가 있게 되어서 고용 경비를 내지 않아도 된다.

여기서 한 가지 주의할 것은 터널 재배나 덮개법의 딸기가꾸기에는 병이 나기 쉽다는 사실이다. 터널 재배에 있어서는 터널 피복에 의한 뿌리썩음병의 예방 효과는 놀랄만한 것이었다. 덮개법도 방법 여하에 따라서 크게 예방 효과를 얻을 수가 있다.

(2) 여러 가지 재배형(栽培型)

① 반촉성 재배(半促成栽培)

가. 품 종 보통 재배의 품종 가운데서 반촉성 재배의 품종을 적당히 가려 쓰고 있다. 행옥이 가장 많이 쓰이고 도너어와 홍로도 일부에서 쓰고 있다.

나. 재배법

(가) 육 묘 반촉성 재배의 딸기 모종 기르는 법은 지금까지 보통의 노지 재배에 쓰는 모종 기르는 법과 아무런 다름이 없다. 그러나 본밭에서의 생태는 노지와 대단히 틀린다. 즉 2월 이후 극히 짧은 기간에 지상부를 충분히 발육시켜서 꽃눈을 생장시키지 않으면 안된다. 그런데 해가 짧고 또 햇볕이 약할 때에 비닐로 햇볕가림된 밑에서 노지보다 약한 햇볕을 받아서 급속히 발육시키는 것이므로 여간 공이 드는 것이 아니다.

이와 같은 나쁜 조건을 보충하기 위해서는 모종의 소질(素質)을 좋게 하는 도리 밖에 없다. 즉 충분히 햇볕을 흡수 이용해서 탄수화물을 풍부히 축

〈그림 4-13 적당한 크기의 모종〉

적한 것, 즉 힘이 있는 모종을 써서 확실하고 충실하며 뿌리

내리는 힘이 강한 모종으로 만들어야 한다.

㉑ 모종솎기 확실하고 충실한 모종을 기르려면 모종을 솎는 시기를 고려할 필요가 있게 된다. 모종을 솎는 시기를 일찍 해서 모종 기르는 기간을 길게 할수록 충실하고 큰 모종이 되고 꽃눈도 많이 붙으며 뿌리내리는 힘도 강하다. 한편 모종 따는 것이 너무 이르면 8월의 염천(炎天)에 쪼이게 되고, 고온과 건조로 인하여 심을 때 상하는 수가 많다.

모종을 솎는 시기가 늦을수록 감수하지만 너무 일러도 오히려 나쁜 결과를 초래한다. 8월 하순 경 좀 일찍 모종을 솎아서 매일 아침 저녁으로 물을 주고, 그 밖에도 주밀(周密)한 모판 관리를 하면 이상적이다. 이것이 곤란할 때는 오히려 9월 초순에 모종을 솎는 것이 좋다. 때에 따라서 그 때의 기온과 강우 등 기상 조건에 따라 관리 노력이 허락하는 한 일찍 심는 것을 원칙으로 한다.

모종솎기는 대개 본잎 4장 정도의 큰 모종으로서 충실하게 자란 모종을 가리되, 병이나 벌레의 해를 입는 일이 없는 모종을 택해야 한다.

모종에 붙은 덩굴은 어미포기에서 2cm 가량 되는 곳을 끊고, 남은 덩굴은 모종의 기부(基部)에서 끊어버린다. 이 남은 덩굴은 모종을 이식할 때 고정시키는 데 쓰인다. 또 딸기꽃은 덩굴이 붙은 반대편이 되므로 심을 때 방향을 정하는 표식이 된다.

㉒ 어미포기의 심기 남부 지방에서는 모종솎기를 이른 가을에 행하는 수가 많다. 따라서 어미포기를 넓은 이랑에 심고 러너를 양성하여 만들어진 러너를 이른 가을에 심는다. 어미포기는 수확이 끝난 밭에 남겨 두며, 러너를 양성할 때는 약 100 포기를 남긴다. 120cm 이랑에 2 줄 심기로 되어 있는 것

은 1이랑 간격을
두고 뽑고, 남겨둔
이랑의 포기를 1포
기 간격으로 솟발
지게 뽑는다. 그러
면 대개 1a에 약
100포기 정도로 남
는다. 남긴 포기는
묵은 잎이나 병든
잎을 따서 소제한
다.

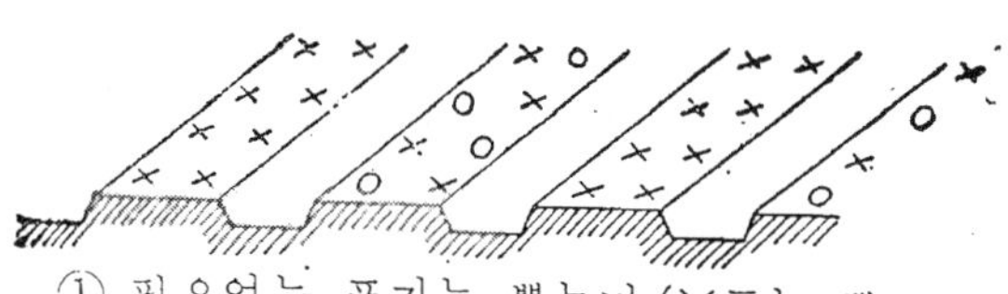

〈그림 4-14 어미포기심기〉

 1a당 두엄 600kg, 깻묵과 닭똥 25kg, 나무재 15kg을 전면에 준다. 포기를 뽑은 빈 이랑을 중앙에 갈아 헤쳐서 양쪽의 어미포기 이랑에 붙이고 전면을 골라서 평평하게 한다. 이랑 겉면은 중앙을 약간 높게 해서 비가 올 때 물빠짐이 잘 되게 한다. 그리고 어미포기에는 형편을 보아서 요소 40g을 물 10*l*에 풀어서 뿌린다.

 ㉲ 이 식 이식할 때는 장마철 중에 될 수 있는대로 일찌기 옮긴다. 물빠짐과 물지님이 좋은 기름진 땅으로서 관리가 편리한 곳을 선택해서 전술한 바와 같은 방법으로 거름을 주고, 180cm 혹은 140cm 의 이랑사이를 만들어 둔다. 수확이 끝난 밭에서 병충해에 걸리지 않은 건전한 포기를 골라서 괭이나 삽으로 뿌리에 많은 흙을 붙여서 공들여 파낸다. 묵은 잎을 따서 깨끗이 한 다음에 러너 양성의 포장에 심는다. 이 랑 중심에 포기사이 45~60cm로 한 줄로 심고 충분히 물을 준다. 이 때에도 면적은 약 1a로 한다. 그리고 100 포기 이상을 심는 것이 좋다.

어미포기 수가 60~70, 이랑 면적 0.7a 정도이면 10a분의 모종을 만들 수 있으나, 이를 너무 절약하면 러너의 선택이 불충분하게 된다. 모종을 딸 때에 가장 좋은 러너를 엄선하기 위해서는 러너 양성 모판을 될 수 있는 한 넓게 하고 어미포기 수를 될 수 있으면 많이 준비한다.

㉔ 모판 관리(苗床管理) 모종이 모판에 있는 사이는 응애와 선충을 철저히 구제해야 한다. 그러기 위해서는 9월 중순에서 10월 상순에 걸쳐 호리돌을 3회 정도 뿌려준다.

중거름은 황산암모니아, 요소 등 30g을 물 10l에 풀어서 9월 중에 2~3회 준다. 그 뒤에도 때때로 물주는 대신 이것을 준다.

중갈이와 풀매기를 때때로 행하고, 마른 잎과 병든 잎을 말쑥히 따서 정결하게 해야 한다.

(나) 정 식 11월 상순에 정식하며, 이랑사이 120cm, 혹은 135cm에 2 줄 심기로 한다. 이랑의 윗면은 70~80cm이나 2 줄 사이는 35~40cm로 해서 가운데로 붙여 심는다. 심는 줄이 가장자리로 나가면 터널 피복한 뒤에 보온 효과가 나쁘고, 포기가 자란 뒤에는 터널에 받쳐서 터널을 씌우고 벗기는 데 불편하며, 포기사이는 36cm로 하여서 10a에 4,600~5,000 포기 정도를 심는다.

모종을 뽑을 때 뿌리에 흙을 붙인채로 심으면 뿌리썩음병이 좀처럼 발생하지 않는다. 딸기를 심을 때는 되도록이면 깊이 심는데, 뿌리의 조금 위에까지 흙이 묻힐 정도가 적당하다.

그리고 모종에 향했던 덩굴이 남아 있으면 그것을 이랑의 안쪽으로 향하게 해서 심으면 꽃은 이랑의 바깥쪽을 향해서 많이 피게 된다. 정식이 끝나면 물을 준다.

(다) 시 비 딸기는 거름에 뿌리가 상하기 쉬우므로 밑거

름은 될 수 있는대로 일찌기 적어도 심기 2주일 전에 준다.
이랑의 중간에는 고랑을 파서 밑거름을 준 뒤에 흙과 섞던가
혹은 그대로 고랑을 덮는다. 거름주는 양은 노지 재배 때보다
밀식하는 까닭에 약간 분량을 더해서 준다. 거름주는 양의 예
를 들면 〈표 4-3〉과 같다.

<표 4-3 반촉성 재배 시비량의 예〉(10a당/단위 kg)

거 름 종 류	총 량	기 비	추 비		3 요 소 량
			1 회	2 회	
석 회 질 소	60	60	—	—	
용 성 인 비	75	75	—	—	질소 : 20. 7
배 합 거 름	7. 5	—	—	7. 5	인산 : 17. 6
황산암모니아	6	—	6	—	칼리 : 17. 8
요 소	7. 5	—	—	7. 5	
황 산 칼 리	25	—	10	15	

(라) 일반 관리

㉮ 제초제 살포   12월 중순 중갈이, 풀매기, 웃거름주기가
끝난 뒤 제초제를 뿌려도 좋다. 이 한번의 살포로 수확이 끝
날 때까지 풀매기할 필요가 없게 될 때도 있다. 만약 이른
봄 이후 특히 잡풀이 심해서 곤란할 때는 12월 중순에 50g,
2월 중순에 50g을 2회에 걸쳐 각각 물 100l에 풀어서 뿌
려도 좋다.

뿌릴 때 약물이 딸기 심부(芯部)에 닿지 않게 해야 한다.
잎이나 뿌리의 외부에 약물이 닿는 것은 관계 없으나 포기 중
심부에 가까운 곳은 약의 흡수가 강해서 심한 약해를 받는다.

제초제를 뿌린 밭의 딸기는 3월 초에는 약간 잎이 누렇게 변
하는 일이 있으나, 심(芯)에 약이 안 갔으면 3월 이후의 발

육은 순조로와서 수확량이 줄어드는 피해는 없다。

딸기의 품종에 따라 제초제에 대한 저항력이 다른데, 행옥과 홍로는 강하고 도너어는 약하다.

겨울 동안 건조가 계속할 때의 물주기 등의 작업은 **노지 재**배와 같다. 중거름은 12월 하순까지에 그치고, 모래**땅**에도 1월 중순까지는 다 주어버리는 것이 좋다.

　　㉯ **터널 피복의 방법** 터널은 될 수 있는 한 이랑의 양쪽 어깨에서 쌓는 것이 좋다.　자재(資材)를 절약할 작정으로 이랑 어깨를 바깥에 내놓고 이랑 윗부분에서 터널을 씌우면 땅 온도의 유지가 나쁘고, 포기가 큰 뒤에 취급하기가 불편하다. 재료는 염화비닐이나 폴리에칠렌 다 좋으나 0.075mm 이상의 두꺼운 것이 취급하기에 좋다.　폴리에칠렌의 얇은 것은 온도의 오름과 내림이 빨라서 온도 장해를 일으키기 쉽고 파손(破損)되기 쉬우므로 불편하다.

3월 중에 꽃이 필 때는 추운 관계로 밤에 거적을 덮어 주어야 하지만 4월에 가서는 상당히 기온이 올랐으므로 거적을 덮을 필요는 없다.

피복의 시기는 관리의 노력과 자재와 수확 목표(收穫目標)에 따라서 정해야 한다.

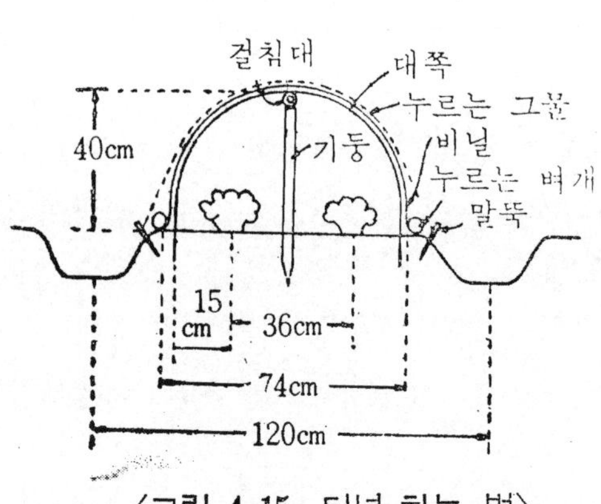

〈그림 4-15 터널 치는 법〉

　　㉰ **온도 및 환기** 꽃봉오리가 맺을 때까지는 밀폐 주의(密閉主義)로 보온을 계속해도 좋으나, 터널 안의 온도가 35도를 넘게 되면 터널 옆을 티워서 통기를 하지 않으면 딸기 포기가 **도장할** 염려가 있다.　꽃봉오리가 보이기 시작하면 온도

를 20도 목표로 하고 25도 이상이 되지 않도록 해야 한다.

노력의 절약과 빨리 수확할 것을 서둘러 환기를 실행하지 않으면 기형과, 부패과, 고사과 등이 많이 나오고, 딸기 포기가 추위, 가뭄, 병에 견디는 성질이 약해져서 나쁜 결과를 가져온다. 환기는 한번에 심하게 하는 것은 좋지 못하므로 처음은 바람 **방향과** 같은 쪽의 터널 밑을 조금씩 열고 점점 양쪽 방향을 열고 하여 서서히 터널 안의 온도를 조절하여 최후는 한낮에도 터널 피복을 완전히 벗겨서 직사 햇볕에 쪼이도록 한다.

밤에는 5도 이하로 내려가지 않게 주의하고, 개인 날씨에 찬 기운이 될 때는 거적을 덮어 준다. 비오는 밤은 거적이 필요하지 않으므로 말아서 비닐로 덮어 젖지 않게 한다.

실제로는 2~3도까지 온도가 내려가는 일은 물론 있으나 낮에 환기를 잘 해서 확실한 포기를 만든 것은 이 정도의 낮은 온도에서는 아무런 지장이 없이 잘 견딘다.

4월 상순 경이 되면 낮에 터널의 반 정도는 열어 두고 중순이 되면 비오는 날 이외는 열어 둔다. 비닐은 터널 들보에 집중시켜 말아 둔다. 이것은 비가 올 때 펴기 위한 것이다.

터널 재배 딸기는 비를 맞으면 극히 잘 썩는다. 비닐을 미처 펴기 전에 비에 좀 젖은 것에 비닐을 덮어버리면 그야말로 잘 썩게 된다. 그럴 때는 할 수 없이 비닐을 덮지 않고 비에 적시는 도리 밖에 없다. 참으로 주의를 요할 점이다.

(마) 수 확　3월 하순에서 4월 상순이 되어 과실이 비대(肥大)해지면 짚을 깔아야 한다. 보릿짚을 까는 것이 좋으나, 없으면 볏짚도 좋다. 10cm 안팎으로 짚을 끊어서 이랑 전면에 깐다. 그리고 이랑 어깨에 한 줌 굵기의 짚목침을 길게 만들어서 죽 놓는다. 터널의 비닐을 누르기 위해서 짚목침이

필요한 것이다.

딸기따기는 아침 일찍 해서 그날 시장에 내는 것이 좋다. 그러나 가꾸는 면적이 넓으면 종일 걸려서 딸기를 따는 수도 있고, 또 시장 거리가 멀면 거기에 따라서 적절히 처리할 일이다.

그리고 상자에 담을 때 주의할 점은 딸기의 익은 정도와 크기를 잘 가려서 아래위 사방에 빈틈이 없고, 또 무리가 없게 해서 수송(輸送) 도중에 상자 안에 있는 딸기가 움직이지 않게 한다. 그리고 보기 좋고 아름답게 넣는다. 병과, 부패과는 절대로 넣어서는 아니된다.

② **조숙 재배(早熟栽培)** 딸기의 **조숙 재배**는 미리 이랑의 배를 높게 만들어 놓을 것과 덮개에 의한 조숙 재배는 덮개를 행하는 외에 노지 재배와 다른 점이 없다. 따라서 품종, 육묘, 정식 및 여러 가지 관리는 모두 노지 재배에 준해서 하면 된다. 이런 점으로 해서 노지 재배에서 전환할 때에 반촉성 재배보다는 조숙 재배가 손쉽게 행할 수 있는 잇점이 있다.

12월 혹은 2월에 덮개를 행할 때는 겨울 동안의 땅 온도를 높이고, 따라서 뿌리의 발육을 촉진하여 봄 이후의 발육을 강하게 하면 증수 효과도 있다.

그러나 뿌리썩음병이 많은 지방은 겨울 동안에 오히려 발병할 수 있는 온도에까지 올라서 발병할 우려가 있다.

2월 중순 이후 자연 지온(自然地溫)이 발병 온도에 가깝게 되어서 덮개를 행하면 급격하게 온도가 오르므로 발병 온도를 넘어서 발병을 예방하는 데 좋은 역할을 한다.

재료로서는 터널 재배용으로 쓸 수가 없게 된 헌 비닐을 다시 이용해도 좋고, 엷은 폴리에칠렌을 써도 좋다. 검은 색의 것을 쓰면 잡풀이 나는 것을 억제할 수 있으므로 편리하다.

그러나 피막(被膜)의 온도는 잘 오르지만 땅 온도가 오르는 것은 둔하다. 투명한 것을 쓰는 것이 꽃피고 열매 맺는 것이 며칠 쯤 빨라진다.

피복을 할 때는 2~3인이 이랑 위에 비닐 혹은 폴리에칠렌을 펴놓고 딸기 포기가 닿는 곳은 면도(面刀)날로 十자형 혹은 T자형으로 베어 구멍을 내고 그 구멍으로 딸기 포기를 내놓는다. 검은 색의 것은 포기가 보이지 않아서 작업에 힘이 들고 시간이 걸린다. 덮개는 아무쪼록 이랑의 어깨까지 덮는 것이 좋고, 피막의 끝은 흙으로 덮어서 틈이 없게 한다. 덮은 흙이 이랑보다 높으면 비가 올 때 물이 고이고 바람에 날리기도 쉽다.

덮개와 터널을 병용하면 터널 단용 때보다 1주일~10일 쯤 수확이 빠르다. 덮개 위에도 약간 짚을 까는 것이 좋은 것은 앞에서 말한 바와 같다. 투명한 막(膜)을 써서 덮개를 하면 잡풀이 나도 풀매기가 힘들므로 제초제를 뿌려서 이를 예방한 뒤에 덮개를 하는 것이 좋다.

③ 억제 재배(抑制栽培) 억제 재배에 적당한 품종은 행옥, 도너어 등이 있고, 충실한 모종을 2월 상순에 공들여서 파내어 한 곳에 이식해서 물을 주어 뿌리 세력을 조정(調整)한다.

2월 중순에 파내어서 사과 상자에 넣고, 그것을 냉장고에 넣는다. 한 상자에 넣는 모종의 수는 모종의 크기에 따라서 다르나 약 150 포기를 기준으로 한다. 냉장 온도는 0 도에서 1 도 정도로 유지되게 한다. 냉장 중의 부패와 정력 소모(精力消耗)에 의한 실패도 있으나, 그 원인은 온도와 습도의 오름에 있다. 될 수 있는대로 냉장고의 한 방을 단독으로 써서 다른 것과 함께 넣지 않는 것이 좋다. 그런 것과 같이 냉장하면 창고 안의 출입이 빈번해서 온도와 습도의 유지가 어렵게 되는 것이다.

9월 중순이나 하순 해질 무렵에 출고(出庫)해서 시원한 곳에 단층으로 놓고, 약간 물을 주어 두었다가 이튿날 아침에 심어도 좋고, 하루 동안 그늘에 두었다가 저녁 때 심어도 좋다. 10a에 약 5,000 포기를 심는다. 12cm 이랑에 2 줄로 심고, 포기사이는 약 33cm로 하면 된다.

잎의 발육보다 일찌기 핀 꽃은 좋은 열매를 맺지 않으므로 그 꽃은 따버려야 하고, 10월 상순 이후에 꽃이 핀 것은 좋은 과실이 맺게 된다. 11월 하순 이후 서리 올 때가 되면 터널을 씌워 서리를 피하게 한다. 연말까지 10a당 약 1,200 상자를 수확할 수 있다.

8. 남단부 지방의 재배법

① 노지 재배(露地栽培)

가. 품종의 선택 이 지방에 많이 재배되고 있는 품종은 궁기종이다. 궁기종은 모래땅에서 잘 된다. 그러나 정식 후 뿌리 발육이 각각 달라서 궁기종은 잔뿌리 발육은 좋으나, 인산 흡수 계수(燐酸吸收係數)가 높은 화산회토에서는 인산의 흡수가 나쁘므로 겨울 동안의 생육이 나쁘다. 이밖에 이 지방에 알맞은 품종으로는 마샬, 천대전종, 구류미종 등이 있다.

나. 육 묘 모종을 기르는 데는 봄모종 기르기와 여름모종 기르기의 두 가지 방법이 있다. 겨울에 건조하기 쉬운 모래땅일 때에는 봄모종을 기르고, 수분이 많은 참땅에서는 여름모종을 기르고 있다.

(가) 봄모종 육묘

㉮ 모종솎기 5 월 하순에 수확이 끝나면 어미포기를 한 줄씩 띄워서 솎아버리고 120cm 의 이랑사이에 한 줄로 배바닥 형

으로 땅을 고르고 러너의 자람과 뿌리내리기가 잘 되게 한다. 10a 당 소요되는 모종의 수는 5,000 포기이다.

㉯ 이 식 제 1 회의 이식 모판은 12×12cm로 심고, 1a 정도를 준비하면 된다. 모판의 거름은 3.3m² 당 깻묵 100g, 황산암모니아 40g을 모판 전면에 뿌리고 흙에 잘 섞이도록 한다. 장마철이 되기를 기다려서 본잎이 3장, 뿌리가 5~6본 정도 나온 모종을 포기 밑에서 2~3cm 정도 남기고 끊어서 심는다. 이 때에 상심(上芯)에 흙이 들어가면 말라죽으므로 깊이 심지 않도록 주의해야 한다. 이식 뒤는 반드시 황산암모니아 20g을 물 10ℓ에 풀어서 물주기를 겸해서 주고, 또 매일 맑은 날이 계속할 때는 매일 물주기를 해야 한다.

제 2 회 이식은 8 월 상순에 이식 모판을 준비한다. 120cm 모판에 두엄, 황산칼리, 황산암모니아를 모판 전면에 뿌리고 깊이 6~9cm로 묻고서 땅을 고른다. 8 월 하순에서 9 월 상순에 병든 잎, 마른 잎, 늙은 잎을 제거하고, 15×18cm 간격으로 모종이 상하지 않게 흙을 될 수 있는대로 많이 붙여서 심는다. 이식을 마친 뒤는 제 1 회 이식 때와 같이 황산암모니아 물거름을 준다.

모종이 클 동안에는 잡풀이 무성할 때이므로 풀매기에 힘써야 한다. 모종에서 나오는 러너는 힘써서 끊어버려야 한다. 또 8 월 중순까지는 대략 4장 정도의 건전한 잎을 남기고 병든 잎, 마른 잎을 따서 모종이 노화하지 않게 해야 한다. 8 월 이후에 잎을 따면 발육을 해쳐서 생육에 큰 지장을 초래하므로 주의해야 한다. 선충의 방제를 위하여 7 월 하순, 8 월 중순, 8 월 하순, 3 회에 걸쳐 파라치온 1,000 배액을 뿌린다. 또 얼룩잎병과 고리무늬병에 대해서는 3—3식 보르도액 혹은 다이젠을 뿌린다.

<표 4-4 이식상 시비의 예> (3.3m²당 / 단위 g)

거 름 종 류	제 1 회 이 식	제 2 회 이 식	비 고
두 엄	—	1,2000	1. 제 1 회 : 깻묵을 생으로 황산암
깻 묵	100	200	모니아와 같이 뿌리고 밭을 간다.
과 린 산 석 회	—	120	2. 제 2 회 : 완전히 썩은 두엄을
염 화 칼 리	60	40	제 1 회의 요령으로 준다.
황산암모니아	40	60	3. 반드시 황산암모니아를 물거름
물 거 름	—	—	으로 만들어서 준다.

(나) 여름모종 육묘 봄모종은 큰 모종이 되나, 노지 재배에서는 모종기르는 기간이 길므로 모종이 너무 크기 쉽고 노화하기 쉬운 결점이 있다.

여름모종이라도 본잎이 4~5장 정도의 큰 모종을 만들어 관리를 잘 하면 거의 봄모종과 큰 차이가 없는 성적을 올릴 수 있는 것이다.

㉮ 모종솎기 6월 중순에 수확이 끝나면 어미포기를 한 줄 건너씩 뽑고 다시 남긴 줄을 한 포기 건너 하나씩 뽑아서 60×120cm로 어미포기를 남긴다.

어미포기는 항상 관리하기 편리하고 기름진 땅으로 물주기와 물빠짐이 편리한 곳을 택해서, 120~150cm의 이랑에 60cm 간격으로 심어서 러너를 발생시킨다. 10a당 필요한 모종을 만드는 데는 대체로 2a 정도면 된다. 거름은 10a 당 잘 썩은 두엄 600kg, 나무재 12kg, 깻묵 혹은 닭똥 24kg을 이랑사이에 주고, 잘 갈아 엎는다.

㉯ 이 식 어미포기의 이식은 충분히 흙을 붙여서 공을 들여야 하고, 물주기도 충분히 하지 않으면 뿌리내리기가 나쁘고 러너의 발육도 좋지 못하다. 8월 하순에서 9월 상순에 본잎

4장 정도의 것을 캐어서 모판에 15×15cm 간격으로 심는다. 모종을 캘 때는 뿌리에 흙을 붙이지 않아도 좋으나 뿌리가 상하지 않게 해야 한다. 활착할 때까지 햇볕가림을 하여 그늘을 지우고 물주기를 충분히 해야 한다. 모판 거름, 선충 구제에 대한 것은 봄모종 육묘 때와 같다.

여름모종의 육묘는 비교적 손쉽게 될 수 있으나, 이것도 너무 늦게 모종을 캐든지 관리가 충분치 못하여 활착이 나쁘다든지 하면 모종이 작아서 결국 수확이 적어진다.

다. 정 식 표준 10a 당 심는 포기 수는 5,000 포기이다. 모래땅에서는 7,000포기 가량 밀식하는 일도 있고 답리작일 때는 다소 이랑을 높이 하는 관계로 그 정도에 따라서 포기수가 적어진다. 심는 거리는 60cm×30cm~33cm가 표준이다.

정식 시기는 10월 중순에서 11월 하순까지이다. 모래땅이나 화산회토와 같이 겨울 동안에 건조하기 쉽든가 인산이 부족한 땅에는 포기의 발육이 나쁘기 쉬우므로 약간 일찍 심는 것이 좋다.

참땅으로 수분이 있는 좋은 밭이나, 답리작과 같이 물주기가 자유롭게 되는 경우에는 11월 안에 심으면 된다. 요는 엄동기(嚴冬期)가 될 때까지 어느 정도 크기의 모종이 되어 있는 것이 좋다.

심는 모종은 병이 없으며, 뿌리가 발달하여 흰뿌리가 많으며, 완전한 잎이 5~6장 정도 되는 것이 좋다. 심는 때가 마침 꽃눈의 분화기이므로 심을 때에 극히 주의하여 상하지 않게 해야 한다.

너무 얕게 심으면 건조에 약하고 너무 깊으면 뿌리가 썩는 일이 있으므로 특히 주의해야 한다. 또 심을 때는 뿌리를 햇볕에 쪼이지 않게 해야 한다.

라. 시 비 정식 뒤부터 딸 때까지 계속해서 서서히 거름기가 있으면 이상적이라고 할 수 있다. 정식 뒤에 연내에 충분히 뿌리가 내리고 포기가 확실하게 되게 하기 위해서는 충분한 거름이 필요하다. 웃거름이 필요할 때는 2월까지에 마쳐야 하고, 만일 웃거름이 늦으면 이른봄에 이르러 급히 질소 성분의 효과가 나타나서 잎이 너무 무성하게 되면 과실의 부패율이 높아진다. 줄기나 잎이 너무 작아도 수확이 오르지 않으며, 너무 성해도 좋지 못하다. 그런 의미에서 거름의 균형이 중요하며, 질소와 칼리와의 분량에 특히 주의해서 칼리 거름으로 충분히 줄기와 잎을 튼튼히 발육시켜 둘 필요가 있다. 인산은 화산회토에는 특히 충분히 주지 않으면 겨울 동안 잎이 마르는 일이 많고, 봄이 되어서 온도가 올라도 갑자기 회복되지 않는다.

일반적인 표준은 10a 당 질소, 인산, 칼리 모두 16kg이다. 모래땅에서는 거름의 유실이 많으므로 〈표 4-5〉와 같이 다소 표

〈표 4-5 노지 재배 시비량의 예〉(10a당/단위 kg)

거 름 종 류	총 량	기 비	추 비		
			1 회	2 회	3 회
두 엄	200	200	—	—	—
염 화 칼 리	24	24	—	—	—
물 고 기 거 름	40	40	—	—	—
깻 묵	80	60	—	20	—
과 린 산 석 회	60	16	12	32	—
황 산 암 모 니 아	16	1. 5	10	—	4. 5
부 즙	300	100	200	—	—

(※ 부즙(腐汁)은 깻묵 20kg에 물 90*l*를 부어 썩혀서 물 20*l*에 4*l* 정도를 넣고, 그 밖에 황산암모니아 60g을 섞어서 사용한다.)

준보다 많이 준다.

거름주는 시기는 기비는 이랑을 만들 때, 1회 추비는 10월 하순, 2회 추비는 11월 상순, 3회 추비는 2월 중순이다.

그리고 거름주기는 밑거름에 중점을 두고, 아직 생육이 왕성할 때에 대부분을 주어서 저장 양분(貯藏養分)의 축적을 꾀한다. 그 뒤 2월까지는 곧 효과가 있는 거름을 약간씩 주어서 포기의 충실을 기한다.

화학 거름이 직접 뿌리에 닿으면 거름의 해를 보게 되므로 고랑을 타고 거름을 준 위에 충분히 흙을 덮고, 그 위에 모종을 심어야 한다. 화학 거름을 충분히 썩은 두엄에 섞어서 주면 거름의 낭비가 없어져서 좋다. 정식하기까지 2주간 정도 여유가 있으면 전면에 거름을 주고 갈아 엎어서 흙과 거름이 잘 섞이도록 하는 것도 한 가지 방법이다.

마. 일반 관리 1월 상순에 마른 잎이나 늙은 잎을 제거하여 포기 밑에 있는 곁눈의 발달을 돕는다. 곁눈도 11월에서 이듬해 1월에는 꽃눈의 분화를 하므로 이것이 발달하느냐 못하느냐는 수확량을 크게 좌우한다. 또 이른 봄에 줄기와 잎이 너무 성하면 과실이 썩는 수가 있으므로 이것을 방지하기 위해서도 마른 잎과 병든 잎을 제거하는 것이 필요하다.

3월 하순에서 4월 상순에 걸쳐서 짚을 깐다. 짚은 그냥 깔면 썩기 쉬우므로 추려서 15~20cm로 끊어서 깔아 준다. 용이하게 부패하지 않는 보리짚이나 밀짚이 더욱 좋다.

바. 수 확 딸기 따는 시기는 모래질 땅에서는 4월 중순에서 5월 하순이고, 보통 가꾸기에서는 4월 하순에서 6월 상순이 된다. 딸기 따기는 아침 일찍 5시 경부터 9시 경까지 시원할 때에 하지 않으면 낮에는 온도가 올라서 과실이 시들고 변색을 한다. 수확한 딸기는 즉시 실내에서 작은 종이상

자에 담는다. 딸기 가꾸기에서 육묘부터 시장에 내기까지의 노력을 계산해 보면 그 반 정도는 딸기따기와 시장에 내기에 소비되며, 그로 인하여 병충해의 방제에 손이 안 가는 일이 있고 가꾸는 면적도 제한당하는 일이 많다. 또 한편에서는 비싼 값의 딸기를 소비자에게 제공하게 된다. 이것을 개선하기 위해서는 시장에 낼 때 딸기를 큰 상자에 흩으려 넣는 방법을 취할 도리 밖에 없는데, 값은 싸도 노력이 적게 드는 데서 결국 균형이 맞을 것이다.

② 터널 반촉성 재배(半促成栽培) 터널 재배는 딸기의 썩음병을 적게 하고, 빨리 시장에 낼 수 있게 한다, 또 노력의 분배를 조절하고, 딸기의 값이 비싸므로 여러 가지 이점이 있다.

가. 품종의 선택 도너어, 행옥, 보교조생 등이 좋은 성적을 올릴 수 있는 품종이다.

나. 육 묘 노지 재배와 대체적으로 같으나, 정식이 이르다. 일찍 꽃을 피워서 과실을 맺게 하기 위하여 활착력이 강한 충실한 모종을 가려서 심는 데 주의해야 한다.

다. 정 식 다조식(多條式 ; 여러 줄 심기)은 그리 하지 않는다. 120cm 이랑에 2줄, 줄사이 30∼33cm, 포기사이 40cm로 가꾸는 모양이 대부분이다.

라. 시 비 정식 때 노지 재배보다 다소간 포기의 수가 많을 정도이나 특별히 터널 재배라고 해서 거름을 많이 줄 필요는 없다. 거름주는 양은 노지 재배에 준한다.

마. 일반 관리

(가) 온도와 환기 1월 중순부터 비닐을 덮는다. 꽃피기 시작할 때까지 20∼30일간 밀폐해서 30도 정도의 고온을 지속시키면 일제히 꽃이 핀다. 이 이상의 온도로 올라가면 생리작용이나 수정에 장해가 온다.

딸기는 식물 자체가 낮은 온도에 강하지만 꽃이나 꽃봉오리는 약하므로 밤의 온도를 되도록 낮추지 않게 관리해서 적어도 5도 이하는 내리지 않게 해야 한다. 1월 하순에서 2월 상순이 되면, 꽃봉오리가 나오므로 이 시기에는 밤에 거적을 덮는다.

2월 중순이 되면 상당히 온도가 올라서 비닐 안의 온도가 높다. 그러므로 날씨가 좋은 날은 한낮에 온도에 주의하면서 공기바꾸기를 한다. 환기의 정도가 지나쳐서 저온이 되게 하면 수확이 늦어지므로 30도 전후의 온도가 유지되도록 비닐의 여닫이에 주의를 요한다. 밤의 보온을 위하여 오후 3시에 비닐을 닫고 거적을 덮는다.

비닐 안에서는 아무리해도 식물체가 연약해져 있으므로 비닐을 걷고 즉시 비에 맞으면 썩음병을 발생시키기 쉽다. 4월이 되면 한낮에는 거의 필요 없으나 밤에는 역시 씌우도록 하고 비 올 때는 반드시 비닐을 덮어두지 않으면 안된다. 따라서 4월 상순에 비닐을 걷어서 다른 청과물의 터널에 사용해서는 안된다.

(나) 물주기 비닐을 덮으면 그 안의 흙이 너무 건조하므로 때때로 물을 준다. 물주기는 조금씩 자주 주면 도리어 터널 안이 습기가 많아지므로 한꺼번에 충분히 주는 것이 좋다. 그것도 흐린 날보다 개인날을 가려서 충분히 물을 주고 흙 겉

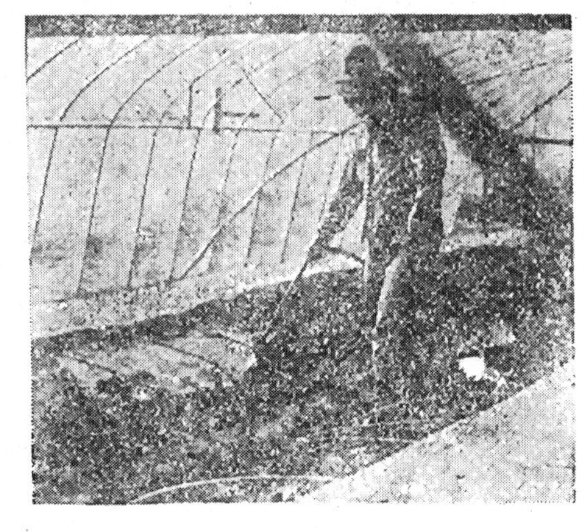

〈그림 **4-16** 활착을 촉진하는 물주기〉

면은 어느 정도 마르게 한다.

(다) 짚깔기 너무 일찍 짚을 깔면 땅 온도가 오르는 것을
방해하므로 과실이 붉게 익기 반 달 전 쯤에 깔아 준다. 대개
3월 중순 경이 된다.

(라) 수 확 3월 하순에 1번과(1番果)의 수확이 시작되
고, 5월 상순에 2번과의 수확이 끝난다.

③ 촉성 재배(促成栽培)

가. 품종의 선택 남단부
지방의 촉성 재배에도 역시 품
종은 복우가 주이고 구류미
도 많이 가꾸고 있다.

나. 육 묘 딸기 따기가
끝나면 되도록 일찍(늦어도 4
월 상순) 모종을 밭에 이식
한다. 꽃봉오리와 꽃은 미리
따 버리고 120~150cm의 이랑
에다 한쪽에만 30~50cm 간격
으로 심어서 러너를 한쪽으로
뻗게 한다. 밭은 겉면을 부드
럽게 해주지 않으면 뿌리가
내리기 힘드므로 썩은 두엄과
썩은 뒷거름을 미리 전면에
뿌려서 이것이 잘 섞여서 묻

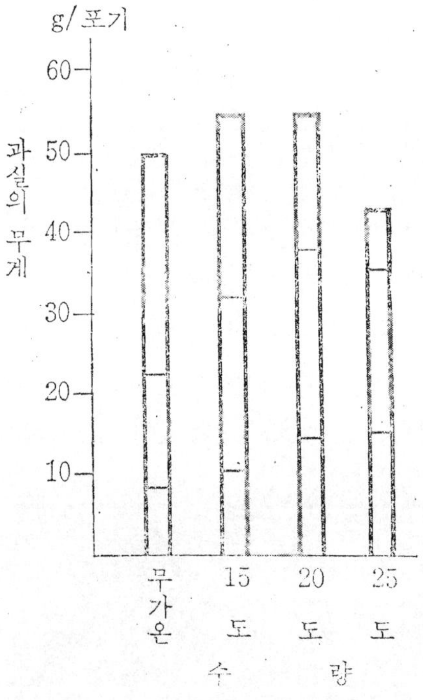

〈그림 4-17 지중 가온(地中加溫)
의 효과(지하 10cm의 온도)〉

히도록 갈고 난 뒤 땅을 고르면 러너의 자람이 빠르다. 모판
준비는 6월 중순에 하되 수리(水利)가 편리하고 잘 건조하지
않는 산전(山田)을 선택해서 이랑사이가 120cm 되는 모판을
만들어 완전히 썩은 두엄을 주어야 한다. 기름진 곳이면 그대

〈그림 4-18 전기 조명에 의한 재배〉

로 좋으나 10a 당 석회질소 1 포, 과린산석회 40kg 정도를 준다.

본잎 1~2장의 어린 모종으로 제몸에서 뿌리가 난 모종을 캐어서 12×12 cm 의 간격으로 심는다. 어미포기 쪽의 줄은 2~3 cm 남겨서 과방(果房)이 나오는 방향을 명백히 해 두는 일은 앞에서 말한 바와 같다.

그 뒤에 본잎 4장을 남기고 늙은 잎, 마른 잎 등을 제거하고 풀매기를 하며 때때로 물을 줄 것은 물론이다. 풀매기할 때 모종에서 나오는 러너는 되도록 작을 때에 제거한다. 정식하기 전 20일, 즉 9월 초순 경에 15×15cm 간격으로 이식한다. 이것은 새 뿌리의 발생을 촉진시키고, 꽃눈의 분화를 촉진시킨다.

다. 정 식 정식시기는 9월 하순경이 좋고, 약 반 달 전에 정식할 밭의 준비를 마쳐야 한다.

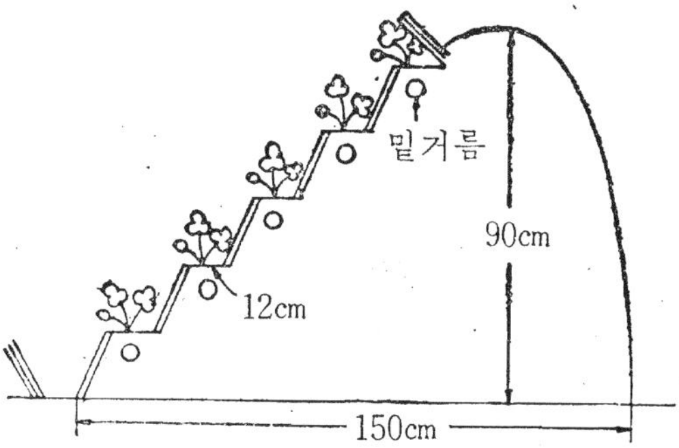

계단식 재배는 층계 이랑에 밑거름을 주고, 층계를 만들어서 비가

〈그림 4-19 계단식 촉성 재배의 단면도〉

온 뒤 이랑의 흙이 가라앉으면 흙을 더 얹어서 고른 다음에

심는다.

11월부터 12월을 수확의 중심으로 할 때는 계단식(階段式)으로 하는 것이 좋지만 1~2월을 수확의 중심으로 할 때는 터널 재배로 충분하다. 총수확량은 오히려 터널 재배의 편이 더 많다. 터널식으로 가꿀 때는 남면으로 약간 경사지게 해서 120cm 의 이랑사이에 4줄로 하고 줄사이 20~25cm, 포기사이 25~30cm로 심는다. 180cm의 비닐을 쓴다.

이 때의 거름은 1a 당 질소 3kg, 인산 2kg, 칼리 1.5kg을 총량으로 해서 밑거름에 질소 2kg, 인산 2kg, 칼리 2.5kg을 두엄 120kg와 잘 섞어서 줄을 만든 곳 밑에 준다.

정식은 계단식인 때는 물론이지만 터널식으로 할 때도 꽃자루가 남쪽으로 향하도록 주의해서 심는다. 계단식에서는 포기사이 17~18cm로 뿌리가 상하지 않게 하고, 또 깊이 심는 일이 없도록 주의해야 하며, 활착할 때까지 매일 물을 준다. 10월 하순부터 꽃이 피기 시작하나 한 포기에 10개 정도로 남기고 따버린다.

라. 시 비 거름주기의 일례를 들면 〈표 4-6〉과 같다.

〈표 4-6 촉성 재배 시비량의 예〉(1m²당/단위 g)

거 름 종 류	총 량	기 비	추 비	
			1 회	2 회
닭 똥	750	750	—	—
쌀 겨	500	500	—	—
요 소	45	—	25	20
용 성 인 비	100	100	—	—
황 산 칼 리	100	100	—	—
깻 묵	300	100	100	100

거름 주는 시기는 기비는 정식 전, 1회 추비는 10월 하순, 2회 추비는 12월 상순이다.

　　마. 수 확　과실이 새끼손가락 굵기가 되었을 때에 봉지를 씌우나, 이 때에 기형과와 빈약한 것을 제거한다.　그래서 정형과(正形果) 5~6개만 남기고 딴다.

구류미 102호는 복우와 달라서 제1화방과 제2화방의 구별이 확실하지 않으므로 한 화방에 몇 개라고 정할 수가 없으므로 대개 세력을 보아 적당히 과실을 솎으면 된다.　서리가 내리기 10여일 전부터 비닐을 덮어서 보온하며, 12월에 들어가면 거적을 덮어준다.

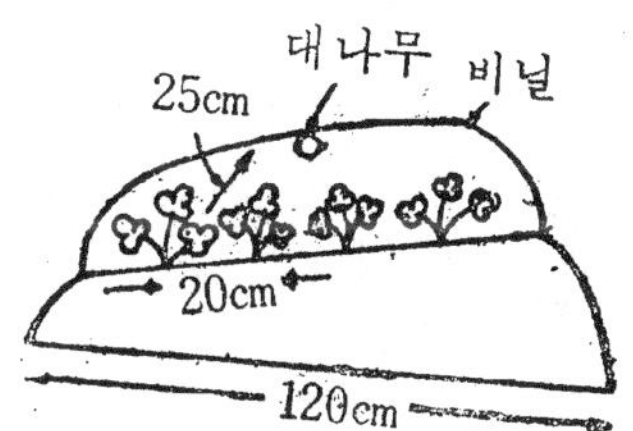

〈그림 4-20　구류미 102호의 터널 재배〉

9. 가공용(加工用) 딸기 재배

(1) 특성(特性)

가공용 딸기 재배는 한냉지(寒冷地)에서 주로 조방 경영(粗放經營)으로 하기 때문에 한번 딸기를 정식(定植)하게 되면 그대로 3~4년을 계속하여 재배하는 방법이다.　이 재배법은 뿌리가 깊이 박혀 발육되는 관계로 추위에 저항력이 강하다.

가공용 딸기 재배는 열매를 잘게 맺고 수확량도 비교적 많은 편이다. 그래서 수확에 노력이 더 들게 된다. 그러므로 이 경우에는 포기의 경신법(更新法)을 실시하지 않으면 안된다.

① 품종(品種)　가공 전용으로 되어 있는 것은 없고, 비교적 가공에 적당하다고 하는 품종은 우선 수량이 많은 것을 가릴 것이다. 다른 작물과의 노력 분배 등을 생각하여 수확기 등을

참작해서 작정한다. 다음에 품질에 대해서는 과실의 빛깔이 선홍으로 과실의 살이 단단하고 향기가 많은 것이 좋다.

도너어, 천대전, 마아샬 등의 품종은 잼을 만드는 데 비교적 좋은 품종이다.

② **꽃눈 분화와 품종형** 딸기는 포기의 크고 작음에 관계 없이 가을의 저온(17도 이하)과 단일(短日 ; 하루 12시간 이하의 햇별 쪼임)의 조건이 오면 모종의 자람점에 이듬해의 꽃을 만들기 시작한다. 곧 이어서 곁눈의 자람점에도 꽃을 만드는 현상이 나타나서 이듬해 봄이 되면, 그것들의 자람점에서 각각 한 개씩의 꽃눈이 나와서 꽃이 핀다. 그런데 한 개의 화방에는 10개 안팎의 꽃을 가지고 있으므로 한 포기에서 **나오는** 화방수의 많고 적음이 결실의 다소, 즉 수확의 다소를 **결정**하는 요소가 된다. 또 한 개의 화방에 붙는 꽃의 수도 품종 차가 있으므로, 한 포기에 대한 화방수와 한 화방에 대한 꽃의 수에 따

〈표 4-7 화방수·꽃수에 의한 딸기의 품종 분류(65품종 평균)〉

특 성(特性)	I 형 화방 많음 꽃의 수 많음	II 형 화방 많음 꽃의 수 적음	III 형 화방 적음 꽃의 수 많음	IV 형 화방 적음 꽃의 수 적음
포기 당 화방 수의 품종 평균(포기)	6.84	4.92	2.12	1.97
한 화방 당 꽃 수의 품종 평균(개)	11.43	8.43	14.17	7.83
과실 1개 평균 무게의 품종 평균(개)	4.65	5.55	6.61	6.61
포기 당 수확량의 품종 평균(g)	201.90	122.00	97.77	84.49
정화(頂花) %의 품종 평균(%)	21.89	23.03	53.02	55.10

(※ 정화(頂花) %라 함은 총착화 수(總着花數)에 대해서 원줄기 자람점(主莖生長點)에서 나오는 화방에 있는 꽃 수의 비율이다.)

라 품종을 분류해 보면 〈표 4-7〉과 같다. 일반적으로 말하는 과수형 품종은 Ⅰ~Ⅱ형, 과중형 품종은 Ⅲ~Ⅳ형이고, 중간형 품종은 Ⅱ~Ⅲ형에 속한다.

그런데 한 포기에서 나오는 화방 중에서는 한 개만이 원줄기의 자람점에서 나온 것이고, 그 밖에는 모두 곁가지에서 나온 것이기 때문에 한 포기에 대한 화방의 많고 적음은 곁가지와 화방 수에 의하여 결정되는 것이다. 곁가지는 원줄기의 각 잎이 붙은 곳에 달려 있으나 그 중에서 발육이 좋은 것의 자람점에 곁화방이 형성되는 경향이 있다. 따라서 화방수가 적은 과중형 품종은 되도록 모종 기르는 일수를 길게 하여 모판에서는 포기사이를 넓게 하고 영양을 충분히 주어서 모종을 크게 만들어 내는 것이 화방수를 많게 하는 데 좋다. 특히 생육 기간이 짧은 추운 지방에서는 가장 중요한 증수 대책이다.

그러나 과수형 품종에서는 너무 큰 모종으로 기르면 화방수가 너무 많아서 수량은 많으나, 과실이 너무 작고 과실 중에 못 쓰는 것이 많이 나오는 동시에 수확 노력이 많이 드는 것을 알아야 한다. 평난지(平暖地)에서 특히 주의해야 한다.

고냉지에서는 봄이 늦고 가을이 이르며 또 겨울이 닥치는 것이 빠르므로, 딸기의 생육 기간이 짧고 모종의 발육이 따뜻한 지방에 비해서 나쁘며 곁가지의 발육도 좋지 못하고 따라서 화방수의 증가가 곤란하다. 그러므로 다수확(多收穫)을 바라기 어려우므로 품종형의 여하를 불문하고 큰 모종으로 기르는 데 노력할 필요는 있으나, 육묘는 이와 같은 조건을 고려해서 하는 재배법으로서 이랑짓기·잔디짓기는 더 한층 한 포기당 소수성(少收性)을 단위 면적에 대한 포기수의 증가 즉 밀식으로 보충하는 방법이라고 하겠다. 따라서 전술한 여러 가지 재배형의 성립은 지역과 밀접한 관계가 있으므로 어느 지역에서 어떠한 양식을 채택하느냐 하는 것은 농가의 경영 조건, 그 밭의 입지 조건 등을 연구해서 결정할 문제이다.

③ 경제성(經濟性) 가공 전용 딸기를 가꾸는 지방은 일반적으로 교통이 불편한 지방이다. 가공 업자는 동제(銅製)의 밑바닥이 평평한 남비를 현지에 운반하여 간단한 가공장(假工場)을 세우고 진흙, 벽돌 등으로 직화식(直火式) 아궁이를 만들어 보일러를 행한다. 딸기꼭지를 따고 물에 씻어 남비에 넣고 저어가면서 15~20분간 끓인 다음 다시 이것을 양철통에 넣어 납땜을 하여서 밀폐한 뒤 물에 담궈서 냉각(冷却)한다. 냉각이 잘못되면 착색(着色)이 잘 못 된다. 이것이 통조림, 잼 등으로 다시 가공된다. 생산자는 가공 업자에게서 받은 상자를 직접 딸기밭에 가지고 가서 딸기 꼭지는 붙이지 않고 알과 실만 따서 가공장에 운반하므로, 청과용(靑果用)과 같이 알 고르기, 포장, 시장에 내기의 자재비(資材費), 노임, 운임은 필요 없게 된다. 딸기의 수량은 잘 되면 1,500~2,000kg, 보통 작은 900~1,200kg 정도이다.

(2) 여러 가지의 재배형(栽培型)

① 보통 재배(普通栽培) 밭농사와 논의 뒷그루로 가꾸는 일이 있다. 어느 것이나 다 같이 모종을 양성해 두었다가 가을에 심고 이듬해 수확한 다음, 다른 앞그루 혹은 벼를 심는 양식으로서 가공용 재배에서 가장 집약적인 재배형이라 할 수 있겠다. 그러나 그 시기가 보리베기, 모내기, 딸기 모종의 이식 등 일이 겹쳐지므로 노력 부족의 염려가 있다.

가. 육 묘 청과용 재배와 같으므로 간단히 기술한다.

새끼모종을 모판에 이식하는 시기는 그 지역의 딸기 따기가 끝난 뒤이므로 따뜻한 지방에서는 6월, 추운 지방에서는 7

월이 보통이다.　따뜻한 지방에서는 과중형 품종은 앞에서 말한 바와 같은 이유로 6월이 좋으나, 정식이 11월 이후가 되므로 과수형 품종은 오히려 8월 하순~9월 상순의 편이 수량 면에서 좋은 결과를 얻을 수 있고 또 노력 분배의 면에서도 적당하다고 생각한다.

본밭 10a 당 필요한 모종의 수는 답리작이냐 밭농사이냐에 따라서 다르지만 모판의 이식 밀도는 15×15~12cm,　3.3a당 144~180 포기로 정식 포기수가 정해지면 자연 모판 면적도 정해진다.

모판은 되도록 이어짓기와 건조한 곳을 피하고, 수리(水利)와 관리에 편리한 장소를 선택하여 3.3a 당 잘 썩은 두엄 7~10kg, 닭똥 혹은 깻묵 0.8~1kg, 나무재 0.4kg, 요소 0.07kg을 120~150cm 이랑사이에 뿌려서 잘 갈아 엎은뒤 땅을 고루어서 모판을 만든다.

모종은 수확한 어미포기에 러너가 발생하는 것을 기다려서 채취한다. 답리작이나 밭농사에서 다른 작물의 작부 관계(作付關係)로 급할 때는 딸기 수확 직후에 어미포기를 다른 곳의 채묘 전용(採苗專用) 밭으로 옮겨 심든지 혹은 전해 가을부터 별도로 모종을 따기 위한 밭을 만들어 두었다가 쓰는 것이 좋다.

어미포기 하나에서 얻는 새끼모종 수는 품종과 모종 따는 시기에 따라서 다르나, 10~15 포기 정도가 보통이다.

캐낸 모종은 되도록 마르지 않게 물통 같은 데 넣어서 모판에 운반하여 심어야 된다. 이 때에 주의할 것은 절대로 깊이 심지 않을 것이며, 그렇게 하기 위해서 러너를 끊은 줄기가 땅 위에 나와서 지주가 되도록 하여 심고 뿌리에 가볍게 흙을 덮어 약간 누른다.

우중(雨中)에 심는 것이면 이 정도로서 활착하지만, 그렇지 않을 때는 충분히 물을 주고 60cm 정도 높이로 햇볕가림을 한다. 또 고냉지 등 러너 발생이 늦은 지대에서 7월 중～하순 이후의 더운 때에 모종을 기르지 않으면 안될 때는 충분히 물을 준 뒤에 비닐 터널을 씌워, 그 위에 2～3중의 거적을 덮어서 내부가 암흑 다습(暗黑多濕)하고 저온을 유지하면 활착이 잘 된다. 5～6일 지나면 잎과 줄기가 일어서고 생기가 나서 뿌리가 살았다는 것을 알리므로 햇볕가림을 제거하여 그 뒤의 관리에 착수한다.

　　나. 정 식　정식의 시기는 지방에 따라서 다르나, 평난지 (平暖地)에서는 1～12월 초순, 고냉지에서는 늦어도 10월 하순까지 실시한다. 특히 고냉 지대에서 정식이 늦으면 뿌리가 충분히 내리지 못하여서 겨울을 맞이하게 되므로 이듬해의 감수가 심하다.

　이랑을 만드는 방법은 답리작인가 밭농사인가의 여부, 토양의 마르고 습한 것 등에 따라서 다르나, 포기사이는 따뜻한 지방에서는 겨울에도 생육이 계속되므로 30～40cm, 고냉지에서는 30cm 정도로 한다. 보통 재배에서는 수확한 뒤에 다른 작물로 전환하므로 약간 밀식하여 증수를 꾀하는 것이 좋다.

　정식할 때는 포기의 뿌리를 상하지 않게 파 내어서 절대로 깊이 심지 않도록 주의하고 심을 구멍에 뿌리를 잘 펴서 흙을 덮는다.

　　다 .시 비　거름주는 양은 토질에 따라 또는 답리작과 밭농사에 따라서 당연히 달라지나, 따뜻한 지방의 답리작의 거름주는 예는 〈표 4-8〉에 제시한 바와 같고, 밭농사일 때에는 이에 10～20%를 증가할 필요가 있다.

〈표 4-8　답리작 보통 재배의 시비 예〉(10a당/단위 kg)

지역	거름종류	총　량	기　비	추 비			3요소량
				1　회	2　회	3　회	
북부지방	두　엄	1,500	1,500	—	—	—	질소 : 15.4
	고 기 뼈	37.5	26.3	—	11.2	—	
	닭　똥	75	75	—	—	—	인산 : 13.0
	황산암모니아	22.5	—	11.2	—	11.2	
	과　석	37.5	37.5	—	—	—	칼리 : 14.3
	나 무 재	75	56.3	—	18.7	—	
남부지방	두　엄	1,500	1,500	—	—	—	
	고 기 뼈	37.5	37.5	—	—	—	질소 : 12.8
	황산칼리	15	—	15	—	—	인산 : 10.0
	요　소	11.2	3.8	3.7	3.7	—	
	소 석 회	75	75	—	—	—	칼리 : 14.6

　질소는 포기의 생육을 좋게 하고 증수 효과에 좋으나, 이른 봄의 지나친 거름이나 웃거름질의 늦은 것은 오히려 포기의 도장을 지나치게 초래하여 러너의 발생을 촉진하고 과실을 연하게 하여 부패율이 많아서 감수의 결과를 가져오므로 주의해야 한다.

　딸기는 겨울 동안에 섭씨 5도 이하가 되면 생육이 정지되나 봄에는 땅 온도가 4~5도 정도가 되면 우선 뿌리에서 급속히 생장을 시작한다. 그 때가 바로 봄거름을 주는 적기인 것이다. 정식 뒤 2주일 후에 제1회의 웃거름을 준다. 추운 지방에서는 연내에 제2회의 웃거름은 추위로 인해서 줄 수 없으므로 이듬해 봄의 웃거름과 합하여 두 번만 주면 된다.

　　라. 일반 관리　이른 봄부터 풀매는 일이 노력 부담의 한 분야가 되지만 이에 대해서는 제초제를 사용함으로써 노력

부담을 경감할 수 있다.

짚을 깔아주는 일도 중요한 일이지만 꽃봉오리가 나왔을 때도 역시 짧게 끊은 짚을 포기 밑에 충분히 깔아 주도록 해야 한다. 이것은 과실을 더럽히지 않게 하고, 흙에서 전염해 오는 회색곰팡이병을 막기 위해서 필요하다.

또 지역에 따라서는 꽃피는 시기가 늦으리 때문에 가장 중요한 초기의 꽃이 해를 입는 일이 있다. 이에 대한 방지 대책은 전해 가을에 몇 번 서리를 맞춰서 추위에 견디는 힘을 길러준 뒤에 밭 전면에 짚을 덮어 두었다가 봄에 늦서리가 지났다고 생각될 때 지체없이 짚을 제거하는 방법이 미국에서는 행해지고 있다.

꽃따기 작업은 청과용 딸기에서는 적당히 꽃을 따서 과실의 충실을 기하는 것이 좋지만 가공용에서는 필요치 않다.

마. 수 확 2～3일씩 사이를 두고 따다가 최성기에 가서는 매일 수확한다. 사용하는 그릇은 3kg 들이의 얕은 상자나 광주리를 사용하여 과실이 많이 눌리지 않게 한다. 가공용은 원료 출하(原料出荷)이므로 꼭지는 포기에 남기고 과실만을 따서 즉시 가공장에 운반한다.

밭에다 딸기를 가꾸는 하나의 방법으로 한번 심으면 그것을 그냥 밭에 남겨 두며, 러너는 발생하는대로 전부 따버리고 어미포기만으로써 3～4년 정도를 수확한 뒤에 갱신하는 방법이다. 이 방법에 적합한 딸기의 품종은 러너가 적게 발생하고 심은지 3년 정도에 수확량이 가장 많은 과중형(果重型)의 것이라야 한다.

② 어미포기 재배

가. 육 묘 보통 재배에서 기술한 바와 거의 같은 방법이다. 어미포기 짓기에는 경영이 집약적(集約的)인 것과 조방(粗

放)한 방법에 따라서 봄짓기, 가을짓기가 있다. 봄짓기는 고 냉지의 조방 재배(粗放栽培)의 앞그루 관계로 가을짓기가 되지 않는 곳에서 행해진다. 4~5월 경에 새끼모종을 다른 밭의 러너에서 끊어와서 그대로 본밭에 정식한다. 처음에 약간의 꽃이 피므로 이를 전부 따버리고, 포기의 세력 증가에 노력하여 다음 해부터 수확을 시작한다. 여기에서는 밭이 1년 동안 쉬는 셈이 된다.

가을짓기에는 기른 모종을 심는 때와 러너에서 새끼모종을 따서 그대로 심는 때가 있다. 후자의 경우는 역시 포기의 발육을 촉진하기 위해서 이듬해 봄의 꽃은 전부 따버린다. 그러므로 봄짓기와 같이 밭이 1년 노는 셈이다.

밭의 이용률을 높이기 위해서 처음부터 수확을 하고자 할 때는 기른 모종으로 가을짓기 하는 것이 득책일 것이다.

나. 정 식 정식 시기와 방법이 모두 보통 재배와 같으나, 이랑사이는 75~90cm 로 약간 넓게 하고, 포기사이는 30~45 cm로 한다. 첫해의 수확을 올리기 위해서 특히 포기벌기가 적은 고냉지에서는 20~25cm 정도로 밀식해 놓고 이듬해 제 1 회 수확한 뒤 1 포기 간격으로 뽑아서 50cm 포기사이로 간격을 넓게 한다.

다. 시 비 전술한 밭농사의 보통 재배에 준할 것이나 몇 년 동안은 갱신하지 않고 그대로 가꾸므로 밑거름의 두엄과 인산 거름의 충분한 시비가 필요하다.

첫해의 수확이 끝나면 세력의 회복을 위해서 10a 당 성분량 (成分量)으로 질소 4kg 정도를 주고, 다시 8 월 상순 경 즉 꽃눈 형성 약 1개월 전에 성분양으로 질소 8kg, 인산 6kg, 칼리 8kg를 준다. 이듬해의 이른 봄 중거름은 질소 4kg 정도면 된다. 여기에서 질소를 과하게 주면 포기가 도리어 지나치게 무성하여 과실의 부패, 나아가서는 감수를 가져오게 된다. 이후의 거름주기에 대해서는 전술한 바에 준한다.

라. 일반 관리 관리 중에 중요한 것은 러너의 제거이다. 첫해의 딸기를 딴 뒤에 발생하는 러너는 몇 번에 걸쳐서 제거해야 한다.   이것을 그냥 두면 어미포기를 피로(疲勞)하게 할 뿐 아니라 양분의 낭비와 여름철의 건조를 심하게 한다. 제거 회수는 품종에 따라서 다르다. 〈표 4-9〉는 그 제거 회수와 이듬해의 수확량과의 관계를 적어본 것인데, 2주일 이상 제거하지 않고 그대로 두면 포기 당 수량이 격감한다.

〈표 4-9 러너 제거의 회수와 어미포기의 생육 및 수량〉(한 포기 당)

러너 제거 회수	어미포기의 잎 수	어미포기의 화 방 수	어미포기의 수확과실수
매주 1 회	23.50	3.54	18.32
2주 〃	22.74	3.18	16.82
3주 〃	22.78	3.34	17.20
4주 〃	20.18	2.54	12.56
5주 〃	19.40	2.10	12.36
6주 〃	18.56	1.46	9.64

이와 같이 이 재배에서는 러너 제거가 하나의 애로로 되어 있으므로 러너의 발생이 적은 품종과 과중형의 품종을 사용한다. 그런데 2회 수확 이후가 되면 상당히 러너 발생률이 적어진다.   그밖에 짚깔기, 풀매기, 병충해 방제 등은 보통 재배에 준한다.

마. 수 확 수확량은 일반적으로 2~3년째가 최고에 달한다. 이것은 포기가 커짐에 따라서 곁눈이 발달하고, 그 곁눈에서 꽃집이 생기는 관계이다.

특히 첫해의 수량이 적은 과중형 품종에 대해서는 이 재배법이 적당하다. 그러나 4~5년 해가 거듭함에 따라서 딸기 포기는 노쇠해서 결실의 부담에 견디지 못하여 수량이 격감한다. 그리고 한 개의 과실 무게는 첫해 과실이 최고였다가 점점 작아진다. 이것은 딸기 포기의 부담력의 한계를 표시하는 것으로 생각된다. 세력이 좋으면 2회째 수확까지 1개의 과실 무게의 감소는 적다. 그러므로 어미포기 재배에서는 3~4회 수확 후에 갱신하는 것이 경제적으로 좋을 것이다.

③ 이랑짓기 재배 어미포기 재배의 양식과 비슷한 방법이다. 통로를 어느 정도 넉넉하게 하여 러너가 뻗어가는 것을 끊지 않고 두면 2년 이후는 어미포기와 새끼포기에서 수확을 하는 양식으로서, 러너가 어느 정도 많이 나는 품종을 선택하는 것이 좋고 4~5년만에 갱신한다.

어미포기 재배보다도 더욱 거친 방법으로서, 밭은 많고 이용률이 적은 곳에 재배된다. 여름에 건조하기 쉬운 밭은 적당치 않다.

가. 육묘와 정식 이 재배법도 어미포기 재배와 같이 딸기 생육의 자연 조건에 적합한 고냉지 밭농사로 재배하는 조방한 한 가지 방법으로서, 어미포기 재배와 다음에 설명할 잔디짓기 재배와 중간형이다. 역시 봄심기와 가을심기가 있으나 토지의 유효한 이용면에서 볼 때 양성모를 가을에 심는 것이 합리적이다.

모종을 양성해 놓고 가을의 정식 시기에 본밭에 심는다. 이랑사이 60cm, 포기사이 25cm(10a당 6,750포기)로 한다. 이것은 이듬해의 수확을 되도록 확보하기 위함이고, 이 수확이 끝나면 한 이랑 간격 한 포기 간격으로 딸기 포기를 뽑아서(정리한 포기를 다른 밭에 심어도 좋다) 이랑나비 120cm, 포기사이 50cm로 만든다. 육묘와 정식은 앞의 항목에 준한다.

나. 시 비 어미포기 재배에 준한다.

다. 일반 관리 관리의 요점은 러너의 정리로서 이랑사이와 포기사이를 넓게 하고 러너는 이랑 양편에 약 30~40cm 사이만큼씩 뻗어나가게 한다. 이랑 통로에 뻗어 나가는 것은 여름에서 가을까지 몇 회에 걸쳐서 제거한다.

이 재배는 어미포기 재배와 같이 한 포기를 크게 해서 수확을 올리는 것과 달라서 단위 면적(單位面積)에 대한 포기수를 많게 밀식해서 수확을 올리는 방법이다. 다음에 기술하는 잔디짓기 재배와 비슷한 방법이나 잔디짓기와 다른 점은 통로를 내놓고 딸기따기, 중거름, 풀매기, 소독 등의 관리를 하기에 편리하게 한 것이다.

라. 경 신 3~5회 수확을 한 뒤에 깨끗하게 포기를 뽑아서 정리하고, 신규로 기른 모종을 정식해서 갱신한다. 또 이랑짓기 재배로 2회 정도 수확한 뒤에는 기른 모종에 밑거름을 주고, 통로에 가을심기로 정식해서 이듬해 수확한 뒤 묵은 포기를 전부 뽑는다. 뒤에 두엄 등의 거름을 주고, 그 곳에 새로운 러너를 전년에 심은 어미포기에서 발생시켜서 다시금 이랑짓기 재배에 들어가는 갱신법도 있다. 이 방법에 의하면 수확이 그다지 줄지도 않고 밭을 늘리는 일이 없이 딸기의 연속 재배가 되며, 더우기 거름주기에 의하여 지력 소모(地力消耗)도 적어서 좋다.

이 재배에서는 러너의 발생이 적은 품종보다는 오히려 많은 품종이 좋고, 또 새끼모종의 수량이 전체 수량을 좌우하므로 과수형~중간형의 착과수가 많고, 과육이 단단해서 잘 썩지 않는 품종이 좋다.

④ 잔디짓기 재배 이랑짓기의 양식으로 통로를 두지 않고 전면에 러너를 뻗어 나가게 하여 전밭을 딸기로써 잔디밭과 같

이 만드는 방법이다. 딸기 재배 중에서는 가장 거친 재배 양식으로서 3~4년에 갱신하므로 러너가 많이 발생하는 품종을 선택하는 것이 좋다.

다른 작물과 돌려짓기가 되지 않으므로 **경영** 면적이 많은 농가에서 가능하다. 비교적 손이 덜 가므로 넓은 면적에 가꿀 수 있으며, 약간 떨어진 곳에서도 **경영된다**. 건조하기 쉬운 곳은 적당치 않다.

　가. 육묘와 정식　역시 봄에 심는 것과 가을에 심는 것이 있다. 일반적으로 그와 같은 지역에서 여름 작물이 끝나면 곧 겨울이 다가오므로 양성하지 않은 새끼모종을 봄에 심는 것이 보통이나, 심은 포기의 발육과 러너의 발생을 촉진하기 위해서 그 해 봄의 꽃은 전부 따버린다. 따라서 그 해의 수입은 전연 없어서 밭의 이용상 불경제이다. 그러므로 양성모를 가을에 심는 것이 좋고, 이 경우의 앞그루는 그 지역 딸기 재배의 적기(適期)까지 수확을 마치도록 고려되어야 한다. 육묘와 정식은 보통 재배에서 설명한 바와 같다. 또 이랑나비, 포기사이도 이랑짓기의 경우와 같다.

　나. 시비·일반 관리·수확　보통 재배에서 설명한 바와 같이 그에 준하여 거름을 주나 이듬해의 수확이 끝나면 한 이랑 간격, 한 포기 간격으로 딸기 포기를 뽑아서 이랑사이 120cm, 포기사이 50cm로 넓게 하고, 그 뒤는 웃거름을 주지 않고 풀매기만을 해서 러너는 그대로 밭 전면을 딸기 포기로 덮는다. 그래서 2회 이후의 수확은 밭 전면에서 행하게 된다. 특히 땅이 메마른 곳에서는 첫물 따기한 뒤의 세력 회복과 8월 하순~9월 상순의 꽃눈 형성의 1개월 전의 포기버는 거름으로 요소의 웃거름(잔디짓기 형성 후는 전면 살포)을 줄 정도이다.

　땅이 기름진 곳은 웃거름을 주면 필요 이상으로 포기가 무성한다. 그렇지 않아도 러너가 서로 엉켜서 통풍과 채광을 불량하게 하는 데 이어서 과실의 부패가 심하게 되므로 웃거름은 상당히 주의해서 써야 한다. 따라서 정식 때에 밑거름으로 두엄과 인산 등을 충분히 주어 둘 필요가 있다.

이 형식의 재배에서 제일 문제되는 것은 풀매기로 이것이 이 재배의 성패를 결정한다. 가장 거친 재배 방법이지만 풀매기에 많은 노력이 필요하다. 제초제의 사용도 불가능하므로 정식 전의 풀매기를 완전히 해서 잡풀 밀도를 낮추어 둘 필요가 있다.

러너가 지나치게 엉키면 과실의 부패가 심하다는 것은 전술한 바이지만 또 반대로 러너가 너무 적어도 수량이 오르지 않는다.

다. 경신(更新) 잔디짓기에서 3~5번 수확한 뒤는 포기 전부를 뽑아서 정리하고 다시금 새로 심어서 경신한다. 그러나 그대로 가꾸면서 경신하려고 하면 수확 후에 제일 처음 정식한 어미포기의 이랑사이를 45m 정도 뽑아서 통로를 만든다. 그 곳에 다시 기른 모종을 정식해서 이듬해에 수확한 뒤 묵은 러너를 전부 정리하고 새로운 포기에서 러너를 나도록 하여 잔디짓기를 형성한다. 전술한 이랑짓기 재배와 같은 경신법이다.

과채의 재배방법과
품종별 경영

定價 12,000원

2012年 6月 5日 1판 인쇄
2012年 6月 10日 1판 발행
　감　수: 홍 순 범
(松 園 版)
　발행인 : 김 현 호
　발행처 : 법문 북스
　공급처 : 법률미디어

152-050

서울 구로구 구로동 636-62

TEL : 2636-2911~3, FAX : 2636~3012

등록 : 1979년 8월 27일 제5-22호

Home : www.lawb.co.kr

❙ISBN 978-89-7535-238-6 13520
❙파본은 교환해 드립니다.
❙본서의 무단 전재·복제행위는 저작권법에 의거, 3년 이하의
　징역 또는 3,000만원 이하의 벌금에 처해집니다.